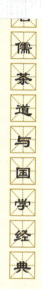

儒茶道与国学经典

吃茶
CHI CHA

编著●朱锦武 姜丽妍

③

中国出版集团
世界图书出版公司
西安 北京 广州 上海

图书在版编目（CIP）数据

吃茶 3，茗儒茶道与国学经典 / 朱锦武，姜丽妍编著 . —西安：
世界图书出版西安有限公司，2016. 10
ISBN 978-7-5192-1931-4

Ⅰ . ①吃… Ⅱ . ①朱… ②姜 Ⅲ . ①茶文化—中国
Ⅳ . ① TS971.21

中国版本图书馆 CIP 数据核字（2016）254330 号

吃茶 3 茗儒茶道与国学经典

编 著	朱锦武 姜丽妍	
责任编辑	李江彬	
出版发行	世界图书出版西安有限公司	
地 址	西安市北大街 85 号	
邮 编	710003	
电 话	029-87233647（市场营销部）	
	029-87234767（总编室）	
传 真	029-87279675	
经 销	全国各地新华书店	
印 刷	陕西金和印务有限公司	
开 本	180mm×250mm 1/16	
印 张	13.75	
字 数	300 千字	
版 次	2016 年 10 月第 1 版	
印 次	2016 年 10 月第 1 次印刷	
书 号	ISBN 978-7-5192-1931-4	
定 价	45.00 元	

☆如有印装错误，请寄回本公司更换☆

序

　　茗儒茶学是一门古老的茶道流派，他的创始人是朱权，朱权何许人也？此人是明朝开国皇帝朱元璋的第十七子，生于公元1378年，薨于公元1448年，享年七十岁。朱权一生充满传奇色彩。他从小体格魁梧，聪颖过人，深受朱元璋的喜爱，十四岁被封宁王，十六岁就藩于大宁（今江西南昌一带），"带甲六万，军车六千"，兵精马壮，且很有军事谋略，史称"燕王善战，宁王善谋"。然而，他政治经验不足。燕王朱棣发动"靖难之役"争取帝位，兵马不够，想要吞并朱权手下的军队，就假装逃难来到大宁，演出了一场兄弟情深的戏份。私底下，则策动朱权的军队改投自己。此后，朱棣在大宁城外告别时亮出底牌，索性挟裹了朱权一家人加入到家族战争之中。据说朱棣曾许诺朱权"中分天下"，但人为刀俎，朱权早已大彻大悟，遂转而韬光养晦，在朱棣即将攻下南京的时候请辞离去。朱棣登基后，朱权封地南昌，仍称宁王，以隐忍的智慧安度一生。

　　劫后余生的朱权，把精力都投向了文化，在音乐、戏剧、诗歌，以及古代科技方面取得了极高的成就。他的《太和正音谱》《神奇秘谱》，在中国艺术史上，是绕不过去的大作。没有他的发掘整理，中国古代大量的戏曲、音乐将湮没在滚滚长河之中，再难寻找。朱权又是斫琴的名家，他制作的古琴，号"流云飞瀑"，是闻名遐迩的旷世宝物。

朱权自幼好道，且学富五车。中年后对生命独有一番感悟，自称"臞仙"，即瘦仙人，其在审美的指向上则完全归于道家的返璞归真、自然清逸。他继承宋代的君子四艺（焚香、点茶、挂画、插花），并将其融入古琴艺术，自创茗儒茶学。将儒、释、道三家的哲学精髓融入日常饮茶，将虚玄缥缈的大道真理与本真朴素的茶相结合，一改唐宋以来品茶之风，将中国茶道提升到艺术层面。他以《中庸》开篇解释茶道，"天命之谓性，率性之谓道。"人的生命自产生的刹那就有一颗良善的种子埋于心间，在生长的过程中，各种激发人性良善的方法被称为"道"。茶道就是通过品茶激发人们心中的浩然正气，因此朱权的"茗儒茶道"认为，茗茶一杯，静心养神，儒经万卷，修身养性。同时，他还对唐宋以来的茶道形式进行了改革。提倡用茗注泡茶，将繁复的茶道形式简单化，为明清两代，甚至现代茶艺奠定了茶道形式上的基础。但茗儒茶道随着明王朝的覆灭，湮没在了历史洪流之中，所庆幸的是本书作者朱锦武先生耗费了近十年的精力，将这一古老流派挖掘整理出来，并与现代茶品相结合。在朱权的茶道理念之上将国学经典内容编成茶道，并将识茶、辨茶的方法与儒、释、道三门哲学精髓相融合，编成朗朗上口的歌谣与茶友们分享。

　　这本书是专门为青少年编写的，它旨在让青少年在动手泡茶的过程中体会中国茶道"廉、美、和、敬"之精髓，中国茶道是一种近乎理想的文化形态，它宽泛自然，好像天地一样"生而不有，为而不恃"，人们日日受用而不知其作用。这种"利而不害，为而不争"、于一切众生平等的精神，正是中国茶文化能够跨越宗教、种族、民族的隔阂，在全世界得到普及的根本原因。它直指身心体验，为人类文明做出了巨大而深远的精神贡献。少年强则中国强，树立青少年的爱国之心可从一杯茶开始。

楼宇烈

北京大学哲学系、宗教系教授
北京大学宗教研究所所长
北京大学国学研究院导师

目录

C O N T E N T S

○ ■ 第一篇 　 仁

/002/ 　 第一节 　 泛爱众而亲仁
/005/ 　 第二节 　 茶人即"茶仁"
/011/ 　 第三节 　 孔子其人其事
/022/ 　 第四节 　 拜师茶与仁爱

○ ■ 第二篇 　 义

/030/ 　 第一节 　 义立天地间
/035/ 　 第二节 　 义在茶事中的体现
/051/ 　 第三节 　 茶有十德
/057/ 　 第四节 　 友悌茶与义

○ ■ 第三篇 　 礼

/066/ 　 第一节 　 礼从心开始
/074/ 　 第二节 　 衣冠茶礼
/085/ 　 第三节 　 茶礼十则
/092/ 　 第四节 　 成人礼茶道

○ **第四篇** **智**

/100/ 第一节 儒家的智慧

/107/ 第二节 识茶的智慧

/118/ 第三节 茶食搭配的智慧

/121/ 第四节 "茶之和"茶道

○ **第五篇** **信**

/130/ 第一节 人言为信

/134/ 第二节 敬事而信

/143/ 第三节 欲敬其事，先利其器

/151/ 第四节 敬贤茶与信

○ **第六篇** **遗珠之憾**

/160/ 一、孝道茶

/166/ 二、劝学茶

/170/ 三、双清茶

/177/ 四、君子茶

/182/ 五、仁爱茶茶道

/188/ 六、喜气洋洋祝福茶

/192/ 七、大地回春茶茶道

/196/ 八、端午正阳茶茶道

/202/ 九、花好月圆茶茶道

/205/ 十、重阳菊普茶茶道

茗儒茶道与国学经典

MINGRUCHADAO YU GUOXUEJINGDIAN

第一篇

·仁·

导语：中国的儒学思想约始创于两千五百年前的春秋战国时期。到了汉代，汉武帝采纳了董仲舒谏议的"废黜百家，独尊儒术"的建议，自此儒学成为华夏国学。它涉及体育竞技、文学诗歌、天文地理、处世哲学、历史文化、音乐艺术等诸多方面。它几乎可以成为我们中华民族国学的代表。儒学听起来很深奥，但实际上，经过几千年的传承，它已经在我们中国人的思想意识里面生根发芽，开枝散叶并根深蒂固。小时候，家长就经常教育我们要尊老爱幼，做事要认真负责，对待朋友要宽容忍让，说话要言必行、行必果。长辈们的这些谆谆教诲都脱胎于儒学，如此说来，儒学的范畴相当的广泛。那么我们要从什么地方开始学起呢？其实博大精深的儒学可以用五个字来表达：仁、义、礼、智、信。

第一节
泛爱众而亲仁

相信很多同学在幼儿园或小学一二年级就读过《弟子规》，这部经典是学习儒家四书（《大学》《中庸》《论语》《孟子》）五经（《诗经》《尚书》《礼记》《易经》《春秋》）的启蒙教材。小孩子多在三岁至五岁的时候学习《弟子规》，不仅可以识字，还可树立礼仪规范。在十岁之前要学习《三字经》《百家姓》《千字文》（《千字文》俗称"三百千"）。在这四部经典中，《弟子规》是从衣食住行言行举止等方面培养孩子们养成良好的日常行为习惯和严谨的学习态度，三百千则是为孩子日后学习小六艺（即礼、乐、射、御、书、数）奠定基础。儒家学说认为人有"五德"，即仁、义、礼、智、信，茶亦有仁、义、礼、智、信"五德"。青少年学习茶道并不仅仅是学习一些识别茶叶的方法和冲泡茶的技巧，更要通过学习茶道体悟人生，培养端庄的礼仪行为习惯，树立正确的人生观、世界观和价值观。《中庸》的开篇讲"天命之谓性，率性之谓道。"也就是说每个人的天性都是善良的，将善良的天性发挥出来的方法就是"道"。由此可见，中国的茶道就是通过识茶、泡茶和品茶激发心中的正能量。中国茶道即人道，它既不是礼仪形式也不是花哨的表演，而是一种可以培养人的情智、平衡身心的哲学。

在古代，中国被称为君子之国。何为君子？君子就是德才兼备的人。德才兼备，从字面上看，德是在才之前的。确实是这样，在中国人的文化中，人们认为只有拥有高尚的品德才能成为一名受人尊敬的人。我们是这样说的，也是这样做的，这一点从儿童学前读物《弟子规》中就可窥见一斑。《弟子规》开篇总则中讲"弟子规，圣人训，守孝悌，次谨信，泛爱众，而亲仁，有余力，则学文。"这也就是说，作为学龄前儿童，孩子们学习知识之前，要做到孝、悌、谨、信、仁爱。孝是对长辈的仁爱，悌是对兄弟姐妹的仁爱，谨和信是对朋友的仁爱。《弟子规·泛爱众》中讲道："凡是人，皆须爱。天同覆，地同载。行高者，名自高。人所重，非貌高。才大者，望自大。人所服，非言大。己有能，勿自私。人所能，勿轻訾。勿谄富，勿骄贫。勿厌故，勿喜新。人不闲，勿事搅。人不安，勿话扰。人有短，切莫揭。人有私，切莫说。道人善，即是善。人知之，愈思勉。扬人恶，既是恶。疾之甚，祸且作。善相劝，德皆建。过不规，道两亏。凡取与，贵分晓。与宜多，取宜少。将加人，先问己。己不欲，即速己。恩欲报，怨欲忘。报怨短，报恩长。待婢仆，身贵端。虽贵端，慈而宽。势服人，心不然。理服人，方无言。"这部分内容告诉我们，人的出身和成长背景虽然不同，但是在精神上都是平等的，地球上的任何生物都是平等的，每一种生物都有其生存的权利。人作为万物之灵，更应该爱护和珍惜自然界之中的一切生灵。别人尊重你，并不是你有多"厉害"，而是因为你的德行高尚。中国是有五千年璀璨文明的国度，千百年来，勤劳智慧的华夏人民将一些德高望重的凡人奉为神明，从宽厚仁慈的周文王姬昌到智慧仁爱的孔丘，从直言不讳的比干到为国尽忠的诸葛孔明，从义薄云天

的关羽到忠肝义胆的岳飞。这些被后世奉为神明的先贤其实都是凡人。禅宗无门法师曾经有偈云"三十三天天外天，九霄云外有神仙。神仙本是凡人做，只怕凡人心不坚。"虽然这个世界上并没有鬼神，但是我们普通人坚守道义、认真做事就会快乐似神仙。那么怎样能做到神仙般的超然脱俗呢？这就要遵循孔子在《论语》中反复强调的君子之道。

　　《弟子规》中也告诉了我们一些具体的为人处世的规则：站在别人的角度去考虑问题，即儒家所说的"己所不欲，勿施于人"。俗话说"尺有所短、寸有所长"，不要用自己的长处去嘲笑别人的短处。与人谈话或处事要有分寸，不要过多地去占用别人的私人时间。看到别人的长处要努力学习，看到别人的短处要自勉。与人交谈不要给对方带来负担，朋友有过错的时候要善意劝导，而非恶意嘲笑。《弟子规》就是这样一部将美德的种子种入人们心田的经典。做到了"泛爱众"之后，《弟子规》进一步的要求就是"亲仁"："同是人，类不齐。流俗众，仁者希。果仁者，人多畏。言不讳，色不媚。能亲仁，无限好。德日进，过日少。不亲仁，无限害。小人进，百事坏。"这部分告诉我们：一个懂得仁爱的人的外表应圆润和缓，而不会声色俱厉，内心刚正不阿并有自己的底线。在《论语》中，孔子就对仁义的君子和仁爱的朋友下了这样的定义："义者有三友，友直、友量、友多闻。损者有三友，友便辟，友善柔，友便佞。"这也就是说：一个懂得"仁"的人应该直言不讳，宽容大度，并且学识广博。《弟子规》要求少年儿童在日常生活中要多亲近仁者并努力将自己培养成这样的仁者。如何将自己培养成懂得仁爱的人呢？其实学习无处不在，从手中的这杯茶我们就可以体悟到"仁爱"。

第二节
茶人即"茶仁"

在我们的日常生活中，"仁"的理念有很多表现形式，"爱仁"理念在品茶当中表现更甚。那么"仁爱"具体的表现形式是什么呢？我们将在本节中为大家一一介绍。

儒家学说的精髓之一是仁、义、礼、智、信。千百年来，人们把"仁"摆在君子言行考量标准的第一位。在上文中，我们已经从一些经典中窥见了什么是"仁"。"仁"的表现形式千千万万，它渗透于我们生活中的一茶一饭、一言一行、一举一动，特别是在茶道中表现得更为明显。

在《吃茶1》中，我曾提到过"茶道黄金四法则"。它们分别是呵护原则、举重若轻原则、无交叉原则和利他原则。之所以称它们为"黄金四法则"，是因为如果在行茶过程中人们能够严格遵守这四法则，泡茶人的动作将无比端庄和雅致，一招一式都好像处在黄金分割点上。同时遵守这四法则去行茶，泡茶人也将得到身心灵的平衡与愉悦。其实，黄金四法则就是来源于儒学中的仁爱。

一、呵护原则

儒家学说认为，世间万物无论口能言否都值得我们去尊重和爱护。道家学说中的"物不平则鸣"也是这个道理。器皿虽口不能言，没有生命，但也要将其安置在妥当的地方，否则容易破损或出现其他状况。我们茶道中的呵护原则，就是以平等万物的心去对待茶器、茶水及茶叶。呵护原则具体表现在以下几个手势中。

1. 莲花式

所谓的莲花式手势就是取任何东西的时候中指和拇指用力去持物件。同时食指、无名指和小拇指顺中指方向延伸，自然放松。这样把持物件是因为人的中指和拇指力道最强，可牢牢地把住物件。食指、无名指和小拇指成自然状延伸，手便呈现自然端庄的莲花状。用此手势持物，可使观看者心中升起踏实稳妥之感，同时也可使泡茶人和品茶人意识到茶器或茶品的珍贵，一股对茶品的崇敬之感油然而生。如下图所示，这样的手势既可用来拿取冲茶四宝等精巧的取茶工具，又可用来提取如茗注和提梁壶等略显沉重的容器。

2. 半月式

所谓的半月式就是持物时食指与拇指分开，食指与其他三指并拢打开虎口使手掌呈字母"C"状。因为有些茶器比较沉重，单靠拇指和中指的力量不足以拿起，而半月式依然以中指和拇指作为主要着力点，同时其他三指也可以使上力道。如图所示，这样的手势既便于泡茶人持物，又可为品茶人带来沉稳、安心之感。

拿茶盘的手势称为上半月，拿茶仓的手势被称为横半月。这样做的好处是泡茶人可轻松地拿起茶器，并给人以优雅稳重之感。同时也可将器皿最美丽的一面示人。

3. 手盘

手盘即五指并拢，指尖绷紧上翘，就像我们少先队员行队礼时的手形。以这样的手形托住茶器以显示茶器的贵重及泡茶人的稳重。手盘可根据使用时手放置的位置分为上手盘和下手盘。上手盘是用来扶住提梁壶的壶盖或茗注的壶盖，下手盘是用来拖住物品如茶巾或品茗杯。此动作可使观看茶道的品茗者心中安详。这也是茶仁之道的最好体现。

4. 余情手

我在教学的过程中发现有些朋友在泡茶时动作很快，看似动作熟练，却似乎少了些优雅的美感。经过思考我发现，动作的行云流水不只体现在速度上，还体现在节奏上。也就是说，有韵律的节奏，特别是这种节奏与呼吸结合在一起的时候，能使整个流程看上去流畅且富有美感。为了帮助

大家找到这种节奏，我发明了"余情手"：当手离开任何物件时，在手盘手势的基础上，指尖似乎与器皿有了千丝万缕的联系，产生一种依依惜别之情，这就是手留余情，即余情手。

呵护原则体现在上述的四个手势上，它展现了茶人之道，即仁道。茶人在做茶时，通过对茶器、茶水和茶叶的呵护展示出悲天悯人的仁爱情怀，从而由心中滋养出对世间万物的仁爱之心。我们有理由相信，一个对器皿都有慈爱包容之心的人一定是一个为人处世仁爱豁达的人。

🌸 二、举重若轻原则

举重若轻原则即轻物重拿、重物轻拿。《弟子规》中曾说："执虚器，如执盈。"这就是举重若轻、举轻若重的体现。也许一只品茗杯或一枚茶夹很轻，但是在茶人手中却有千斤之重，很是珍贵。通过茶道中举轻若重原则的练习，可以培养泡茶人尊贵稳重的气质。举重若轻是在提取沉重的器皿时可以做到泰然自若、波澜不惊。例如，很多人喜欢用铁制或者铜制的提梁壶去烧水，注满水的容器分量自然不轻，用举重若轻的方式练习提

壶，可以练就泡茶人泰山崩于眼前而面不改色的处世态度。

　　儒家学派认为，所谓谦谦君子就是处事谨慎，神情泰然、平和的人。正如《礼记·曲礼》所云："毋不敬，俨若思，安定辞，安民哉！"

三、无交叉原则

　　中国的君子之道很有意思，讲究内方外圆：做人做事内心庄严，刚正不阿，底线不容逾越。待人接物要圆融豁达，既不声色俱厉，又不谄媚奉承，以善意待人，而非吹毛求疵。这一点表现在茶道中就是无交叉原则，即左手的东西左手拿，右手的东西右手拿。拿取物品的时候，不要掠过任何东西的上方，取东西的路线要呈圆润的弧线。虽然无交叉原则表现的形式很简单，但是这样的行茶方式，可以告诫茶人们为人处世要有规律，不可肆意妄为。

四、利他原则

　　利他，就是站在别人的角度去考虑问题。曾子曾赞美孔子曰："夫子之道，忠恕而已矣。"《论语》中子张问孔子，为人之道用一个字来表述

应该是什么。孔子很认真地思考良久，说，那就是一个"恕"字。由此可见，"恕"在儒学中占据了很重要的地位。那么什么是恕呢？用八个字来解释就是"己所不欲，勿施于人"。这个"恕"字放在茶道中，就是利他原则，即在泡茶的过程中处处替他人着想，考虑到品茶者的感受，考虑到用什么样的水和器皿可以将茶味表现到最佳。同时，还要考虑在行茶的过程中如何将茶气、茶叶最美的一面表现出来。茶人认为所有的器皿都是有灵魂的，在大自然面前所有的灵魂亦是平等的。茶人泡茶是将沉睡的茶叶唤醒。利他原则的具体表现形式，比如取茶，茶道师应将茶则探入茶罐中，在茶盘上方双手同时下翻，让茶叶自然流入茶则中，以保持干茶条形完整；在奉茶时泡茶人一手以莲花式手势持杯，另一手五指并拢以手盘式手势托底。这样的手势奉茶便于品茶者接住茶杯。再如我们泡茶者经常讲的，"粗茶细泡、细茶粗泡"也是利他原则的表现形式之一。泡茶人根据茶品的粗细选择冲水的方式，比如说龙井这样细嫩的绿茶制作工艺精细，由于采摘时间较早，干茶分量比较轻，所以冲泡时要用高冲水的方式使干茶迅速吸水下沉。相反对于一般品质的红茶，由于经过全发酵工艺，茶中的营养物质基本上包裹在干茶表面，所以冲泡红茶的时候就不能选择高冲水的方式，而应将水缓缓注入泡茶器中，尽量使水不打在干茶表面，从而使该茶经久耐泡且滋味浓淡适中。

综上所述，茶道黄金四法则充分体现了儒家的"亲仁"思想。曾子曾在《大学》中曰："大学之道，在明明德，在亲民，在止于至善。"这里的亲民就是仁爱的体现，而茶人在泡茶中的一切表现也时刻体现着儒学中的仁爱思想。

第三节
孔子其人其事

一、孔子姓名的由来

　　孔子名丘，字仲尼，是春秋末期鲁国陬邑人（今山东曲阜一带）。孔子是中国历史上建立儒家私人学校的第一人。他被后世儒生们奉为万世师表。孔子姓名的由来很有意思，一提起孔子，大家都认为他是高深的、遥远的、需要我们高山仰止的，是一代圣贤。但殊不知孔子也是凡人，他的成长历程也同世界上那些伟人一样充满了艰辛和磨砺。正如那句古话，"宝剑锋从磨砺出，梅花香自苦寒来。"这一切都要从孔子的身世说起：孔氏一族是商朝后裔，周朝人推翻了殷商统治，商朝后裔被分封至宋国（今河南商丘一带）。孔子的六世祖孔父嘉官至大司马，相当于现在的国防部长。后因受到政治迫害，孔族后人不得不移居到鲁国的陬邑，这也是孔子会在鲁国出生的原因。孔子的父亲名为叔梁纥，实则名纥，字叔梁，曾官至陬邑宰，相当于今天的乡长。由此可以看出孔氏一族的没落：从殷商的贵族到宋国的诸侯再到宋国的卿大夫，到了孔父这一代沦落为士族。古代的分封制将人分为五个等级：天子、诸侯、卿大夫、士族和庶民。天子富有四海，统治天下。他将土地分给各路诸侯，叫作封；各路诸侯在分封的土地上建造城池，即建，这就是封建制名字的由来。诸侯又将自己的封地分封给自己的谋臣，也就是卿大夫们；卿大夫又招揽一些会武功的武士或读书人为门客，这些能文或能武的人，就是士。在古代，士是统治阶级最底层的人。他们下面就是被统治阶级所统治的庶民。

在孔子开办学校之前，庶人是没有权利读书或习武的。孔氏一族的悲哀不仅仅是社会地位上的一再沦落。孔氏到了孔父一辈甚至连个健康的男孩儿都不能生养出来，这在以农业为主、生产力低下的先秦是一种莫大的悲哀。孔父的第一任妻子施氏为孔父生养了九个女儿。孔父的小妾虽为孔父诞下一男婴，但此男婴腿部有疾，于是孔父在66岁的时候迎娶了一个15岁少女，这位就是著名的孔母颜氏。两人为求子特意到附近的尼丘山祷告，当年的秋天颜氏便诞下一健康男婴，这个男婴就是日后的至圣先师孔子。相传孔子骨骼精奇，特别是头部异于常人，很像尼丘山的形状，头顶下陷、边缘高耸。也许是为了感念尼丘山，所以孔父为这个男婴取名丘。因排行老二，故字仲尼。

二、孔子的为人之道

正如前文所说，任何人成就伟业都不会一帆风顺，孔子也是如此。孔子3岁的时候父亲去世，迫于生活压力，18岁的母亲带着3岁的孔子搬到曲阜城中一条陋巷。孔母一介女流，身无长物，靠给别人浆洗缝补衣裳度日。虽然日子艰辛，但孔母展现了古代妇女的传统美德：日子再艰苦也要维系士族的身份，坚持让孔子读书。大概是生活太过艰辛，在孔子17岁时，孔母终因心力交瘁而香消玉殒，卒年32岁。少年孔子强忍丧亲之痛将母亲与父亲合葬。此时恰逢鲁国卿大夫季氏当权。季氏宴请整个陬邑的世家子弟。这次宴请实际上是为世家子弟们指出一条仕途之路，是为国家选择接班人的一次聚会。孔子作为士族子弟看到诏告便欣然前往，不料却遭到季氏家臣阳虎的讽刺与羞辱。阳虎站在门口阻拦孔子并傲慢地说："季氏飨士，非敢飨子也。"意思是：我家主人宴请招待的是士家子弟，而不是招待你这样的人。这番话如冷水浇头，深深地刺痛了孔子的心。一个17岁的少年，父母双亡，无依无靠，家族没落，从贵族一落千丈到士族。时至今日，连士族的身份都不被人承认。这种莫大的羞辱会给一个青年造成巨大的心理阴影。但孔子没有被别人的轻视所压倒，而是化羞辱为力量发奋学习。他19岁时到殷商故都学习礼仪，学成后荣归故里。在他20岁得子时，鲁昭公特意差人送来一条鲤鱼以示庆贺。为了纪念这无上的荣耀，孔子为其子取名为孔鲤，字伯鱼。孔子就是这样一位越挫越勇的人。他在《论语·为政》中说："吾十有五而志于学，三十而立，四十而不惑，五十而知天命，六十而耳顺，七十而从心所欲，不逾矩。"这句话透露了孔子走向圣人之路的秘诀。

"十有五而志于学"是说一个人在青少年时期努力学习知识，知行合一，能够学以致用。所谓的"三十而立"，则是三十岁时能在事业上做出一定成绩，成为受别人尊敬的人。孔子所说"三十而立"中的"立"不仅仅指经济上的独立，还指精神及思想上的独立。比如孔子在30岁的时候辞官放弃仕途转而开办了私人学校，为平民百姓提供平等的学习机会。作为首家私人学校的校长，孔子以广博的学识和高尚的道德情操受到了齐景公的接见，从此声名显赫。孔子有教无类、因材施教的教育理念影响了中华民族两千多年。时至今日，我们依然福受这种思想精华的荫佑。司马迁在《史记》中将这段美谈记录在案："鲁昭公二十年，而孔子盖年三十矣。齐景公与晏婴来适鲁，景公问孔子曰：昔秦穆公国小处辟，其霸何也？"对曰："'秦，国虽小，其志大；处虽辟，行中正。身举五羖，爵之大夫，起累绁之中，与语三日，授之以政。以此取之，虽王可也，其霸小矣。'"这个故事说的是：在鲁昭公时期，齐景公带着自己的宰相晏子访问鲁国。齐国当时非常强大，鲁国相对弱小。作为大国之君，齐景公在造访鲁国这样的小国之时，居然会向身为一介布衣的孔子讨教治国之方，可见孔子当时盛名远播。

　　"四十而不惑"中的"不惑"，是指人到了中年，对于是非黑白有了正确的判定能力，也就是我们现在所说的是非观。其实一个人是否能成为圣人，并不是取决于知识量的大小，而是取决于是否有正确的三观，即世界观、人生观、价值观。不惑之年的孔子并没有做到无所不知。在列御寇所著的《列子》中就曾经记录了这样一个故事：孔子东游之时，遇到两个幼童，两个幼童因争论早上的太阳离我们近一些还是中午的太阳离我们近一些而相持不下，所以他们找来孔子。一个幼童认为早上太阳离我们近，因为早上的太阳看起来比较大。从视觉认知的角度上来说，离我们近的事物看上去比离我们远的事物看上去体积要庞大。但另一个幼童却认为中午太阳离我们比较近，因为中午的太阳比早上的太阳热。从人的感官认知角度上来说，当我们靠近火堆时，皮肤的烧灼感就会变得强烈。两小儿辩日的问题居然难倒了智慧的孔子，可见学识再渊博的人也有知识的盲点。因此我们说：大自然的奥秘是无限的，而人的认知是有限的。所以"不惑"不是指知识的储备量，而是指人的认知水平。40岁的孔子已经逐渐从生活的磨砺中寻找到了自己的人生目标——通过游说，将自己的政见传播出去，从而帮助更多的人树立正确的三观。

　　孔子说自己"五十而知天命"，这里的"知天命"不是指向命运屈服，而是从生命的运转中探悟到自然规律，知道人类的生活应顺应自然发展规律。有许多同学喜欢跟我探讨什么是茶道，其实"道"就是道法自然——按照自然发展规律去做人、做事。因此茶道就是根据不同的茶品选择最符合茶性的泡茶方法，并按照茶叶的自然生长规律制茶、泡茶、品茶。50岁的孔子显然已经探知了人要顺应自然规律的这一生活奥秘，因此他采取了因材施教的方法教育学生。《论语·述而》中说道："不愤不启，不悱不发。举一隅不以三隅反，则不复也。"意思是：不到学生冥思苦想而有所体会的程度，教师不要去开导他；不到他心里明白却不能完善表达出来的程度，不要去启发他；如果他不能举一反三，就不要再反复给他举例了。我们记忆中的孔子似乎总是诲人不倦，但从上一段话中可看出孔子教育学生也不是一成不变的。

"六十而耳顺"，是指人到晚年应放弃一切争端与名利心。孔子曾在论语中说道：君子有三戒，少年时血气未成要戒之以色，中年时血气方刚要戒之以斗，晚年时血气已衰要戒之以得。这段话的原意是：人在少年时要努力学习知识，提高自己对事物的认知水平而不要把过多的精力用在穿衣打扮上，要努力锻炼透过表象看本质的能力而不会被事物的外在所迷惑；人到中年时要努力守好自己的本分而不要被外界纷繁的杂事所牵绊，就像比赛时要把所有的注意力集中在自己身上，不要将精力浪费在与他人的攀比中；人到了晚年要学会放下，懂得颐养天年，不要再计较得失，这就是"六十而耳顺"的写照。

古人常讲"人到七十古来稀"，70岁的孔子讲究生活要随心所欲但不逾矩。这也就是说70岁的老人可以不被繁文缛节所困扰，但同时又不能过分。《礼记》中曾规定：70岁的老人拜见国君可以不下跪，但国君赐坐要正襟危坐，不能箕踞。

纵观孔子一生，我们发现圣人之所以被称为圣人，是因为他在人生的每个转折点都可以审时度势抓住机会，诚心诚意地做好每一件小事并坚持不懈，这大概就是圣人成功的秘诀。

🌀 三、孔子的学习之道

孔子作为万世师表，千百年来深受炎黄子孙的尊崇敬仰。台湾地区已经把9月28日（孔子诞辰）定为教师节，中国政府也将对外传播中国传统文化的学院命名为"孔子学院"，可见孔子作为儒家的创始人在华人心中的地位。正如上文所述，孔子也是凡人，他的智商也不会比平常人高出许多，那么孔子的学识是怎样练成的呢？我们可以从孔子学琴这件小事中窥见一斑。孔子向鲁国的师襄子学古琴，学琴数日后，师襄子对孔子说："这首曲子你学得很好了，我们可以学下一首了。"孔子说："我虽然弹得很流畅了，但是我还没有表达出曲中的感情，我还要继续练习。"又过了十日，

师襄子对孔子说："你已经能够很好地演绎出曲中的情感了，可以学下一首曲子了。"孔子说："我虽然能通过演奏表达出曲中的感情，但我还不能通过弹这首曲子了解它的作者是谁，我要继续练习。"又过数日，孔子找到师襄子，对老师说："我弹琴的时候，头脑中浮现出一个身材高挑、清瘦、面色黝黑的人，这个人拥有一双忧国忧民的眼睛，能有这样一双眼睛的人大概就是周文王了吧。"师襄子听后讶然，随之告知孔子他所学习的曲子叫作《文王操》，相传是周朝周文王所作。从这则小故事中我们可以看出，孔子的成功并非偶然，而是勤勉不懈的结果。如今的家长，总是盼望孩子聪明，聪明仅仅是耳聪目明，但当我们纵观中外那些伟人，比如牛顿、爱因斯坦、孔子、孟子等，我们惊奇地发现这些天才的成功是99%的努力加1%的天分。由此可见，圣人的学习之道没有捷径，唯勤勉二字而已。又如清寻子在《劝学》中说："千里之行，始于足下；不积跬步，无以至千里。"任何人的成就绝对不是来源于聪明，亦不是来源于运气，而是来源于坚持。

四、孔子的育人之道

作为伟大的教育家，孔子开启了私人学校的先河。在封建社会，人们的等级观念非常强。所有的官方学校，都是为那些贵族子弟所准备的。士族以上的阶级，孩童7岁入私塾学习，相当于我们现在的小学，15岁至17岁会完成"小六艺"的学习。"小六艺"即礼、乐、射、御、书、数，也就是礼仪、音律、射箭、驾车、书写、数术。成年后的"毕业生"们可以参加类似于现在公务员的考试走上仕途，为国家效力。而孔子私人学校的创立，为当时的士族另辟新径。在他的学校里，还要学习"大六艺"，即《诗》《书》《礼》《乐》《易》《春秋》。

《诗》是指《诗经》，孔子非常看重这部书，他曾经对他的儿子孔鲤说："不读诗，无言以对。"意思是：你不读《诗经》，就不能与别人

愉快地交谈。因此孔子曾经深情地赞美诗经曰："诗三百，思无邪"。意思是：《诗经》的思想是中正无误的。《书》指《尚书》，意为上代之书。这是我国第一部上古历史文件和部分追述古代事迹著作的汇编。它保存了商周，特别是西周初期的一些重要史料。《礼》现指《礼记》。在孔子的时代，《礼记》还未完整成书，当时的《礼》泛指礼仪典章。我们现在看到的《礼记》成书于西汉，由西汉的礼学家戴德和他的侄子戴圣合著而成。戴德选编的八十五篇本叫《大戴礼记》，在后来的流传过程中若断若续，到唐代只剩下了三十九篇。戴圣选编的四十九篇本叫《小戴礼记》，即我们今天见到的《礼记》。这两本书各有侧重和取舍，各有特色。东汉末年，著名学者郑玄为《小戴礼记》作了出色的注解。后来这个本子便盛行不衰，并逐渐成为经典，到唐代被列为"九经"之一，到宋代被列入儒家"十三经"之中，成为世人必读之书。《易》是《易经》，讲的是六爻和八卦。八卦是八种符号相互组合，共六十四种，即六十四卦，对应易经中的六十四篇。八卦中每卦由上、中、下三条或开或断的线组成，即六爻。所以《易经》中每篇有六种对应的卦词，分别对应每一卦中的一爻。六十四卦乘六爻，共三百八十四种卦象。《易经》就是对这三百八十四种卦象的解释。它将世间的自然事物和天文地理总结成规律。学过《易经》的人可按照这些规律进行逻辑推理，从而能预测旦夕祸福。《乐》现代指《乐书》。孔子所教授的《乐》则是殿堂之上赞美圣王先贤的雅乐。孔子认为雅乐有启迪心智、培养德操和教化万民的作用。我们现在所说的《乐书》成书于北宋，作者是陈旸。它分为两大部分：第一部分《训义》九十五卷，摘录《礼记》《周礼》《仪礼》《诗经》《尚书》《春秋》《周易》《孝经》《论语》《孟子》等十种经书中有关音乐的章节，第二部分《乐图论》一百〇五卷，论述十二律、五声、八音 (乐器)、历代乐章、乐舞、杂乐、百戏等，全书两百卷。但可惜的是如今这部书的部分稿件已失传。在上古时代，春天和秋天是君王招贤纳士的时节，同时它还象征了一年四季，因此记录鲁国历史的书便被命名为《春秋》，相传此书是孔子所修订的一本编年体史书。它记载了鲁隐公至鲁哀公时期的历史。看过孔子私人学校的课程设置，我

们不难发现孔子不仅将教育高度化、深度化，同时他还通过课程设计教弟子们懂得"做事前先做人"的道理。开启了因人施教的先河，这就是孔子的育人之道。孔子一生弟子三千，其中有七十二贤人。这么多的学生，孔子在施教时肯定不能用一种方法，因此他就成了中国素质教育的第一人。根据每个学生的不同状况采取不同的教育方法。我们翻看《论语》会发现有一个很有意思的小故事，子路问："闻斯行诸？"子曰："有父兄在，如之何其闻斯行之！"冉有问："闻斯行诸？"子曰："闻斯行之！"公西华曰："由也问'闻斯行诸？'子曰'有父兄在'，求也问闻斯行诸，子曰'闻斯行之'。赤也惑，敢问？"子曰："求也退，故进之；由也兼人，故退之。"意思是：一日，子路问，如果听到有道理的事情，就要去做吗？孔子说，你有父亲兄弟，为什么要这样急着去做？冉有问，如果听到有道理的事情，就要去做吗？孔子说，是的。公西华问，冉有和子路都问同样的问题，我很迷惑为什么先生的回答不一样。孔子说，冉有性格过于谨慎，所以我鼓励他去做；子路的性格急躁，所以让他谨慎些，和别人商量之后再说。我们通过这个小故事就可以看出，针对同一个问题，提问的学生性格不同，孔夫子的回答也是不同的。由此可见，因势利导才能使不同基础的学生都得到个性的发展。这大概就是孔夫子的育人之道。

五、孔子的择友之道

我幼时曾背过一首讲交友的诗："摔破瑶琴凤尾寒，子期不再对谁谈。春风满面皆朋友，欲觅知音难上难。"这首诗讲的是古人之间情谊无价，知音难觅。我们现代人也会有这样的困惑：在人际交往中什么样的人是我们的朋友，或者说我们应该选择什么样的人做朋友。因为我们知道好的朋友充满了正能量，可以带着我们不断前行自我提高，而不好的朋友会使我们的生活充满挫折与黑暗。择友这个问题像一股巨大的黑旋风困扰着我们现代人。其实，只要你认真琢磨《论语》，品读孔子的哲学就不难发现，早在两千五百多年前孔子就将择友的标准论述得很明白。子曰："益者三友，损者三友。友直，友谅，友多闻，益矣。友便辟，友善柔，友便佞，损矣。"孔夫子告诉我们好的朋友的标准是：为人正直、心胸宽厚、学识渊博。如今看来，这样的标准依然不过时。现在我们评定一个好人的标准也是看他的内心是否刚正不阿，是否有做人的底线，同时外表对人宽厚有礼，处处为他人着想。至于"多闻友"，一个见多识广的朋友自然是可以为你的生活添姿加彩的，你可以从他身上学到知识。相反，坏的朋友就是那种阿谀奉承、当面恭维、背后诽谤、花言巧语的人。如果我们身边充斥着这样的朋友，生活自然会黯淡无光，生活之路上也将充满荆棘和绊脚石。

纵观孔子的一生和他的治学为人之道，不难发现孔子的成功在于"敏而好学，不耻下问"，在于"己所不欲，勿施于人"，还在于"学而不厌，诲人不倦。"他一生恪守君子的仁、义、礼、智、信，为我们树立了一个文质彬彬的君子形象。

第四节
拜师茶与仁爱

　　孔子被后世奉为至圣先师，前文中我们通过讲述孔子的生平事迹，似乎已经体味到谦谦君子的仁爱精神。为了加深大家对"仁"的理解，我们设计了一套拜师茶茶道，希望大家通过研习拜师茶而体会茶道中仁爱的理念，把这种理念变成行为习惯，运用到日常生活中。

一、拜师茶茶道

1.备具

　　孔子画像一幅，香炉一只，檀香三支，供水杯一只，高足供水杯一只，茶席一副，茶仓一只，茶道组一套，赏茶盘一只，三才盖碗两组，煮水风炉组一套，废水盂一只。

2. 正文及流程

（童声齐念）黎明即起，洒扫庭橱。要内外整洁，既昏便息，关锁门户，必亲自检点。一粥一饭，当思来之不易；半丝半缕，恒念物力维艰。

小茶师身着汉服，正步缓缓入场。边走边齐诵以上内容，走到台中间，排整齐，一起向观众行礼。主泡师入座。

第一步：净手沐浴

在给先生泡茶前应先净手，清水洗净的不只是双手，还有学生的心灵。它不仅表达了学生对先生的尊重，还体现了学生仰慕先生的仁德，心悦诚服地拜师入门。

第二步：焚香祭贤

点燃手中的三支香：一支敬天，一支敬地，一支敬奉给至圣先师——孔子，以示学生对学业的孜孜追求。点香也是泡茶人调息的过程，让泡茶人和品茶人的心随着袅袅升起的香烟安定下来，开始茶与人之间的对话。

第三步：丹心敬师

"丹心敬师"即奉水。自古就有以水代酒的习俗，奉水给至圣先师是以洁净的

清水表示学生将用如水般清澈坦荡的心接受先生的教诲。

第四步：虚怀若谷

这一步是温杯烫盏：将本已洁净如新的器皿再重新用热水清洗一遍，从而表示学生再次将心中的杂念摒弃，用一颗谦虚的心学习新的知识。

第五步：投桃报李

本步即投茶。"投桃报李"源于《诗经·大雅·抑》："投我以桃，报之以李。"本意是别人给予我们礼物时，我们应该礼尚往来，投之以桃，报之以李。这里表示先生的耕耘不会没有结果，学生愿意加倍努力不负先生的谆谆教诲。今天我们为大家冲泡的是茉莉花茶。茉莉花茶的芬芳，代表了先生的德艺双馨，是学生一生的追求。

第六步：青出于蓝

这一步是润茶。点水润茶是为了帮助茶叶更好地吐露香气。虽然真水无香，但是通过清水的浸泡，茶叶就能够吐露茶香。正如先生的点播使学生茅塞顿开，达到青出于蓝而胜于蓝的境界。

第七步：桃李芳菲

这一步指的是闻香。"桃李不言，下自成蹊。"老师是人类灵魂的工程师，老师的耕耘换来了桃李满天下的丰收，这是作为教师最自豪的时刻。经过浸泡的干茶此时吐露芬芳，正如那桃李纷飞的喜悦。

第八步：醍醐灌顶

这一步骤是冲水，选用悬壶高冲的方式表示学生的成就来自于先生的

教诲。先生的每句话都如甘露般注入学生的心田，开启学生的智慧。凤凰三点头的手法表达了学生对先生的爱戴与尊重。

第九步：程门立雪

这一步是奉茶：双手捧杯高举过眉表示了学生虔诚求教之心，如宋代理学家杨时潜心求教于程颐。中国是礼仪之邦，通过这道程序学生不仅向先生表达了虚心求学之心，更体现了中华文化中尊师重教的美德。

第十步：以礼训教

这一步是师训，先生双手接过茶杯，曰："道，可也。吾门以仁为己任，不亦重乎！死而后已，不亦远乎！士不可以不弘毅，任重而道远！"。

第十一步：如沐春风

这一步是受命，学生弓腰行礼曰："吾等愿守仁孝，绝不旋踵。"

学子将亲手扎制的鲜花献给老师，这束花由翠竹、雏菊、剑兰插制而成。细细的竹叶疏疏的节，雪压不倒风吹不折，它象征着学生用虚怀若谷之心聆听老师的教诲；而雏菊和剑兰代表接受老师授予的阳光和智慧，它象征着知识的传播永无止境。这一束花表明了全天下所有学子祝愿老师永远健康幸福、桃李满天下之心。

茗儒茶道与国学经典
MINGRUCHADAO YU GUOXUEJINGDIAN

第二篇

·义·

第一节
义立天地间

　　一提到儒学，人们就会想到孔曰成仁，孟曰取义。似乎孟子已经成了义的代表。孟子名轲，被称为亚圣。千百年来，人们将孟子与孔子视为儒学的鼻祖。其实，孟子与孔子相差了一百多年。孟子是孔子孙子（孔伋，字子思）的学生。既然两个人不是同时期的人物，在学术上的地位又隔了五代之久，那么后世为什么又要将孟子与孔子相提并论呢？这是因为后世的儒学家们认为孟子是理解、传承并发扬孔子思想的第一人。

　　孔子在晚年时曾对天长叹说："没有人了解我。"正如前文所述，孔子虽然是春秋时期最早开办私塾的人，并且在当时有一定的社会地位。但是，孔子的一生并没有留下自己的思想专著，即便是《论语》，也是记录孔子及其弟子的言论并经后人整理的一本书。虽然孔子的学校教授"大六艺"（"大六艺"是孔子的首创）和"小六艺"。但是，这"六艺"的教材都是先周留下的，而非孔子的言论。一百年后孟轲的出现改变了孔子尴尬的境界。孟子40岁前苦读诗书，40岁后周游列国。63岁时专心著书二十年，成就了《四书》之一的《孟子》。在《孟子》这本短短三万多字的言论中，通篇只讲了一个"义"字。仁义，在儒学看来是做人的终极目标，需要每个人用一生去修炼。孟子认为，有怜悯之心视为仁，有大公无私之心视为义。仁人之心是每个人与生俱来的。前一阵子我在微博上看到了这样一条新闻：有一个5岁男童，在阳台上玩耍，不小心坠楼，楼下有位带着孩子晒太阳的母亲，这位母亲与这位坠楼的男孩素不相识。但在孩子坠楼的那一刹那，这位母亲义无反顾地用双手接住男孩。她为了挽救一个陌生的生命，冒着双手被砸断的危险，徒手接住了这个男孩。看完这个消息，我不禁陷入了深深的思考，我们人类作为万物之灵，是有怜悯之心的，这种仁爱之心如清泉般在心间油然而生，它使人类有别于其他动物，因此仁爱之心人皆有之，"仁"是我们人类与生俱来的一种素养或是天性。正如《三字经》开篇所云："人之初，性本善。"那么"义"又是什么呢？繁体字的"义"是美的上半边加上一个我。所以孟子认为"义"就是美我，就是用孝、悌、忠、信、礼、义、廉、耻八德来修身，是仁心胜过物欲的表现。

通过学习《三字经》，我们认识了孟子的母亲。在孟子年幼、家道贫寒之时，她用言传身教鼓励孟子上进求学。于是有了"昔孟母，择邻处""子不学，断机杼"的两则小故事。当孟子成为国君客卿，家道中兴时，这位母亲的言行更让我们体会到了人之大义。我读过这样一则关于孟母的小故事。孟子年少成名，身居客卿，地位显耀，然而君王只看重了孟子的名声，虽然供给食邑，却不采纳其政见。因此，孟子虽吃喝不愁，却终日郁郁寡欢。孟母见状，便问其原因。孟子回禀母亲："君王只是把我当成一种器物放在朝廷之上，而并不想采纳我的政见。这样的君王不是我想辅佐的。"孟母便问："为何不辞官而去？"孟子回答："因为我如果放弃现在的职位，怕母亲不能安享晚年，生活陷入窘境。"孟母义正词严地对孟子说："如果为官入仕只是为了钱粮俸禄，不能为百姓造福，不能帮助大王成就王道，就有悖于君子之道。如果要沦落到与小人同流合污，就更是耻辱。君子应当志存高远，心怀天下，不要因为自己的一己之私而不守道义。"孟子听后，心中豁然开朗。我们从这件小事中可以看出，孟子的大义凛然与孟母的言传身教不无关系。孟母的所作所为是最典型的义。我们现在常说"道义"二字，实际上是在讲现代人在面对各种诱惑时，如何守住道德的底线，符合真正的道德标准。例如"天经地义"这个词，字面意思是：天的长度和地的深度是无可限量的。而它深层次的意思是：为人应讲道义。试想一下，在浩瀚的天空，有日月星辰予以人类光亮，有风雨雷电滋养万物成长。上苍予以我们这些恩惠，从未向我们讨要过什么。广阔无垠的大地有山川江河，使人们可以捕鱼狩猎，孕育蔬果米粮，使人类可以果腹免遭饥荒，

也从未向我们抱怨过什么。这便是义在自然界中的标准。作为万物之灵，我们人类又有什么理由不去遵守道义呢？

时年六十三岁的孟子，历尽沧桑、看透繁华，于是沉淀下来，将自己的治国理念和为政之道写成一本书——《孟子》。《孟子》是本很有意思的书，全书共有七大篇，分别是：《梁惠王》《公孙丑》《滕文公》《离娄》《万章》《告子》《尽心》。它不是枯燥的说教，也不是死板的定义，而是孟子本人的亲身经历。这三万多字的《孟子》，是由无数个小故事组成的。所有故事的主旨只有一个：以仁义之心对人对事。

在我读到《公孙丑》这一章时，被孟子的道义之心深深感动。我现在还清晰地记得其中的原文。孟子去齐。尹士语人曰："不识王之不可以为汤武，则是不明也；识其不可，然且至，则是干泽也。千里而见王，不遇故去，三宿而后出昼，是何濡滞也？士则兹不说。"高子以告。曰："夫尹士恶知予哉？千里而见王，是予所欲也；不遇故去，岂予所欲哉？予不得已也。予三宿而出昼，于予心犹以为速，王庶几改之！王如改诸，则必反予。夫出昼而王不予追也，予然后浩然有归志。予虽然，岂舍王哉？王由足用为善。王如用予，则岂徒齐民安，天下之民举安。王庶几改之，予日望之！予岂若是小丈夫然哉？谏于其君而不受则怒，悻悻然见于其面，去则穷日之力而后宿哉？"尹士闻之，曰："士诚小人也。"

这则故事说的是：知道孟子要离开齐国，有位高士就讽刺孟子说："孟子不能看出齐王不能像汤王、武王那样一统天下，这是他在识人上没有智慧。如果他一开始就知道齐王没有能力成为天下之王还跑来辅佐，那就是这个人贪图富贵。跑了一千多里路来见齐王，由于意见不合而离去，住了三晚才走出昼邑，这到底又是为了什么这样迟缓呢？我对此想不通。"高子把这些话告诉了孟子。孟子说："尹士又怎么了解我呢？跑了一千多里路来见齐王，这是我的愿望；由于意见不合所以离去，难道是我的愿望么？我是不得已啊。我住了三晚才走出昼邑，我内心还是觉得快了点，当时我心想，齐王也许会改变原来的态度吧！齐王如果改变态度，就一定会把我召回去。我走出了昼邑齐王却不来追我。尽管如此，我难道愿意舍弃齐王吗？齐王还是有条件办好政事的。齐王如果用了我，就不仅是齐国人民安居乐业，天下的人民也都能安居乐业。齐王也许会改变态度，我天天盼望他能这样！我难道会像那种心胸狭窄的人么？向他的国君进谏没有被采纳就发怒，离开那个国家时竭尽全力跑够一天的路程然后才住宿呢？"尹士听到这些话后说："我的确是个小人啊。"

每每读到此处，我都为孟子忧国忧民的情义所感动。孟子不愧为"亚圣"。真正的君子不会将个人的荣辱放在"义"之上。我想大家都读过《孟子》中"鱼和熊掌"的故事，它出自《告子上》。孟子借助比喻的手法将生与义比喻为鱼和熊掌，通过鱼和熊掌阐明人之"义"大于生死的观点。

孟子在《鱼我所欲也》开篇用一个比喻，表述了他"舍生取义"的思想："鱼，我所欲也，熊掌，亦我所欲也；二者不可得兼，舍鱼而取熊掌者也。生亦我所欲也，义亦我所欲也，二者不可得兼，舍生而取义者也。"孟子说，如果鱼和熊掌必选其一，他会选择熊掌；如果生命和"义"必选其一，他会选择"义"。显然，在生命与"义"的天平上，孟子是倾向于"义"的。

孟子主张"舍生取义"，并不是认为生命不重要，而是认为世间有比生命更重要的东西，这就是"义"；不是对死亡不恐惧，而是认为世间有比死更可恶更令人恐惧的东西，这就是"不义"。孟子说："生亦我所欲，所欲有甚于生者，故不为苟得也；死亦我所恶，所恶有甚于死者，故患有所不避也。"意思是说，有比生命更重要更值得倾情更值得献身的，我就会放弃生命；有比死亡更可恶更令人痛恨更令人恶心的，我就会选择死亡。孟子并没有疯，也没有着魔，他只是把"义"看得太重要了。

生命是有血有肉的，是可以看见和触摸的，那么"义"是什么呢？孟子并没有正面阐述，而是跟我们打了一个比喻："一筒饭，一碗汤，得到它就能活下来，得不到就会死去，如果有人有辱人格地呼唤你并给你吃，即使是行路饿极了的人，也不会接受的；有人用脚踢你踹你再给你饭吃，你就是讨饭的，这样的食物你也会拒绝。仔细揣摩，这"义"当是和人格尊严一样的事物，抑或比人格尊严更重要。路人和乞讨者尚且知道自尊

自重，更何况社会的精英贵族，更何况儒者与读书人？舍生取义，并非是理性的，但却是崇高的选择，尤其应该成为有知识有教养的文化人的精神坐标。

　　文章最后，孟子终于道出了他的"义"究竟是什么，并提出了"义""利"两个概念，表述了他轻利重义的思想。"万钟则不辨礼义而受之，万钟于我何加焉？为宫室之美，妻妾之奉，所识穷乏者得我欤？"，"义"即"礼义"，礼义即封建的礼教、道德、礼法。万钟之多的俸禄财富，如果不辨别是否合乎礼义就接受它，这么多的财富能给我带来什么好处呢？是为了用它建华美的住宅？用它供妻妾享乐之用？用它资助我认识的穷人让他们感激我？财富的作用大凡就这些，难道我们不顾廉耻，不管义与不义，贪万钟之财就是为了这些？"向为身死而不受，今为宫室之美而为之；向为身死而不受，今为妻妾之奉为之；向为身死而不受，今为所识穷乏者得我而为之，是亦不可以已乎？"过去我们宁肯饿死都不愿接受的东西，现在却为了华美的住宅，为了妻妾的享用，为了别人感激自己而无所顾忌，贪婪成性，这简直是非理性、非逻辑的行为，这样的行为不应该停止吗？很显然，于"义"于"利"，作者是向"义"倾斜的，他更看重"义"，"义"比生命都重要，更何况"利"？重利轻义在孟子看来，简直是不可理喻的。

　　"舍生取义"和"重义轻利"是孟子的主要思想之一，也是儒家文化及中国古代文化的重要思想之一，这一思想影响了中国几千年，即便是今天，这一思想的影响仍然是广泛而深刻的。

　　时至今日，中国茶道中的"茶之廉"正是"义"的体现。在下面的章节中，我们将探讨"义"在茶事中的体现。

第二节
义在茶事中的体现

通过上一节的描述，大家似乎隐约地感受到了什么是"义"。在本节中，我们将通过探讨正确的泡茶方式来体悟"义"在茶事中的表现。义，除了做事时应公正无私，还应掌握正确的方法，顺应自然规律，我们在这一节就六大茶类的冲泡方式来实际讨论一下茶道冲泡中的"义"。

中国茶根据出产时间、采摘标准、加工工艺的不同，大致分为六大类。分别是不发酵的绿茶，全发酵的红茶，半发酵的乌龙茶，轻度发酵的白茶与黄茶，以及后发酵的黑茶。既然出产时间、加工工艺都不同，那么冲泡的方式也自然不同。要想泡出一杯色香味俱全的茗茶，就要因茶制宜，选择不同的水温和不同的茶器。

一、绿茶

绿茶属于芽茶类，其采摘标准比较高，基本上是采各地的春芽制成。所有的绿茶都属于不发酵茶。绿茶的加工方式很简单。主要加工方式是摊晾，杀青，揉捻，干燥。所谓的杀青，就是通过热化，阻碍或减缓茶叶中活性蛋白酶的运动，进而防止发酵。根据杀青和干燥的方式不同，绿茶可分为四大类：晒青绿茶，蒸青绿茶，炒青绿茶和烘青绿茶。其中最早出现的是晒青绿茶。晒青绿茶的特点是：茶品有一种浓郁的太阳味。由于晒青绿茶过于生涩，所以现在在市场上已经几乎绝迹。比如云南的晒青绿茶，

大部分是用来做普洱毛茶。蒸青绿茶出现在唐代，是运用水蒸气原理杀青。蒸青绿茶的采摘标准要求茶菁相对粗老。经过蒸青的茶叶比较散碎，茶汤散发着如海藻般的清香。现在的日本抹茶、煎茶就是蒸青绿茶的代表。炒青绿茶和烘青绿茶出现的时间比较晚，它们出现在明朝，明朝的开国皇帝朱元璋曾在洪武二十四年颁布了一道罢造龙凤团茶，以散茶进之的诏书。有了皇帝的庇佑，从此炒青绿茶和烘青绿茶独步天下。炒青绿茶香气较高，它占有全国绿茶 90% 的出产量。像我们熟知的龙井、碧螺春、竹叶青等都是此类茶的代表。而烘青绿茶的技术是针对那些叶形较大、发芽较晚的茶而产生的。像安徽的黄山毛峰、太平猴魁、六安瓜片等就是烘青绿茶的代表。

我们今天所讲的泡茶方式，就是以这四类茶为蓝本，分别讲述。但在讲述泡茶方法前，我想先讲述一下茶叶出产地对茶叶品质的影响。根据已故茶人庄晚芳先生的理论，我们将中国的十八个产茶省根据土壤种类和气候的不同划分为四个茶产区，它们分别是西南茶产区、华南茶产区、江南茶产区、江北茶产区。其中西南茶产区包括四川、云南、西藏部分地区及贵州。由于气候的原因，四川茶产区，特别是成都地区，是全国绿茶最早发芽的地带之一，四川绿茶的特点是形美、色艳、回甘强。华南茶产区包括广西、广东、福建、台湾、海南。由于这些地区出产的黑茶、乌龙茶，甚至是红茶太过于有名，因此该产地出产的绿茶在市面上几乎很少看到。江南茶产区包括湖北南部、湖南、安徽南部、江西、江苏南部、浙江，它们是全中国绿茶产量最高的茶产区。该地区的绿茶久负盛名，或清香高锐，或润滑甜美。最后是江北茶产区，它包括山东南部、江苏北部、河南南部、安徽北部、陕西南部、湖北北部及甘肃南部。该地区只出产绿茶及部分红茶。由于气候较冷，该地区是全国绿茶最晚发芽地带。例如，山东日照绿茶，头春绿茶发芽，是在五月底六月初。我们现在根据加工工艺和出产时间的不同，来介绍三种泡茶法。

1. 绿茶上投法

正如前文所述，有些产区的绿茶采摘标准比较高。采得早，采得净，

采得嫩，所以干茶外形紧结精巧，茶底肥嫩。由于采的都是早春嫩芽，经过加工，茶芽上的茸毛贴附在干茶表面，看上去清清白白，清爽讨喜。比如江苏的碧螺春。特级碧螺春每 500 克可捡出 17 000 颗芽头。冲泡这样的茶品时，为使茶汤清亮，且在最大程度上体现其茶嫩特性，我们可选取玻璃杯上投法。具体操作如下：

首先，选择一只透明度较高的玻璃杯，大概高 10 厘米至 15 厘米，其次，向杯中注入 70% 的热水，当水温降至 75 摄氏度左右时，拨入 3 克干茶，干茶吸水迅速下落。品茶者可观赏到"绿雪飞舞""春池飘香"的奇景。

2. 绿茶中投法

绿茶中投法是针对条似松针的炒青绿茶而设计的。比如四川的竹叶青、湖北的松箩茶等。具体操作如下：

首先，选择一只透明度较高的玻璃杯，向杯中注入 50% 的热水。当水温降至 75 摄氏度至 80 摄氏度时，将 3 克干茶拨入杯中。随即注入 20% 左右的热水。这时，杯中的干茶迅速吸水，部分茶叶落入杯底，恰似春笋，又如玉柱。部分茶叶悬在杯中，如精灵般飞舞。至于水温具体是 70 摄氏度还是 80 摄氏度，要根据茶叶的原产地和采摘时间而定。一般来说，四

川茶茶形较大，茶中单宁物质和咖啡因含量较多，冲泡时水温应近75摄氏度。像江西茶茶质较软，多糖物质含量较高，冲泡水温可达80摄氏度。

3. 绿茶下投法

绿茶下投法可选用两种器皿。一种仍是玻璃杯，另一种则是三才盖碗。通常人们泡绿茶，为了不使汤熟失味，都会选用敞口玻璃杯，但如果是那些采摘时间过早的绿茶，虽颜色条形嫩绿，整齐，但滋味略显不足，就可选用盖碗，将茶味闷发出来。具体操作如下：

先选择一只玻璃杯或盖碗，用热水清洗茶杯，提高杯身的温度，再向杯中拨入3克干茶。同时往杯中点入20~30毫升热水。为使绿茶耐泡，点水润茶时，要将水沿杯身注入，不要直接打在干茶表面，随即轻摇杯身，晃出茶香。待干茶充分吸水后，用悬壶高冲的手法，向杯中注入70%的热水。水温根据茶叶的老嫩粗细，控制在75摄氏度至80摄氏度之间。绿茶下投法适合用于香气高锐的炒青绿茶，它能最大限度地激发茶香，比如西湖龙井。

二、红茶

红茶属于全发酵茶。所谓的发酵，就是氧化。换句话来说，就是在发酵时，空气进入叶子内部，使儿茶素氧化。而儿茶素氧化形成两种物质——茶黄素和茶红素。其中茶红素一部分溶于水，形成红茶的红汤；一部分不溶于水，将叶底染红，形成红底。因此，红茶的特点就是红汤、红底。

红茶出现的时间比较晚，具体时间无从考证。红茶这个词曾经出现在成书于十六世纪的《多能鄙事》中。由于发酵技术的出现，甜美、润滑的红茶应运而生。红茶的加工方式也不复杂，毛茶的制作只有以下几步：发酵、揉捻（或切碎）、干燥。根据加工外形的不同，具体可分为红条茶和红碎茶。

在红茶出现之初，人们选取农历五月五日之后的鲜叶来加工红茶。这样的鲜叶经过发酵后滋味会更加浓郁，醇厚。但由于这样的鲜叶比较粗大不太适合揉捻成条形茶，所以只能切碎，比如印度的大叶种红茶就是用这种加工方式制作而成的。后随发酵技术的不断成熟，人们开始选取一些芽茶作为制作红茶的原料，并发现，如经锅炒热化，这些经过发酵的细芽茶还可散发出各种花香或果香，于是工夫红茶应运而生。其实工夫红茶的加工过程只是比小种红茶多了一步——锅炒提香，俗称"过红锅"。红条茶除工夫红茶外还有一个品类，那就是小种红茶，即小叶种红茶。世界上所有的茶树，根据茶树叶形的大小分成两类：大叶种茶树（英文名叫为 Assam）和小叶种茶树（英文名为 Chinese）。大叶种茶树以印度阿萨姆河谷出产的茶树——阿萨姆得名，可以说外国红茶 90% 都是大叶种。小叶种茶树，顾名思义，中国是其故乡。中国乃至全世界最先出现的小种红茶就是正山小种。它是武夷山红茶的代表。红茶，根据不同的条形，要选择不同的冲泡方式。具体方法如下：

1. 红碎茶的冲泡

众所周知，除中国产区外，世界上其他国家和地区的红茶树种都属于大叶种，比如印度、斯里兰卡等地的红茶树种。这种红茶茶菁比较粗壮，在加工过程中很难搓揉成紧结的条形，因此就被制成红碎茶。由于茶叶本身被切成碎块，茶中营养物质包裹在碎茶表面，因此易于冲泡。虽汤色浓艳红烈，却不耐泡。冲泡红碎茶，可选用内置过滤网的瓷壶或玻璃壶。选用瓷壶是因为瓷器可使茶水变柔、更显香甜。如果是为了欣赏红艳的茶汤，则可选用玻璃壶。由于红碎茶有不耐泡的特点，所以冲泡红碎茶时可借鉴绿茶下投法的经验在温热茶壶后向壶中拨入 3 克至 5 克红碎茶。用 90 摄氏度以上的热水润湿干茶，投水量与投茶量比例为 1：1。待红碎茶充分吸水后，再向壶中注入 70% 的热水。静置时间根据个人口味的不同控制在 1 分钟至 3 分钟，随后出汤品饮。红碎茶以汤浓、味烈著称，最适合加奶、

加糖调饮。加奶调饮后的红茶会出现如巧克力浆般醇厚的口感,受到全世界各国人民的喜爱。

2. 工夫红茶的冲泡

中国的工夫红茶以汤厚、香高、耐泡闻名于世。我国十几个产茶省所产红茶味道香气各异。为了将其这一特点发挥到极致,我们冲泡工夫红茶时可选择盖碗或紫砂壶。这两种器皿都可使工夫红茶那种如花似蜜的香气充分吐露出来,且不会夺去茶香。具体操作方式如下:用近100摄氏度的开水温热茶器,再根据茶器大小向茶器中拨入3克至5克的干茶,随即往茶器中点入相同分量的开水。同时盖住茶器,使干茶与水充分融合。此时打开壶盖或杯盖,那种掺杂着水果味道的香气扑面而来,使人心旷神怡。闻香过后,便可向泡茶器中注入70%的开水,随即出汤,一杯色香味俱全的工夫红茶便冲泡而成。至于冲泡工夫红茶的水温,则要根据红茶的采摘时间来定夺。总体来说,采摘时间越早的红茶水温越低,最低可至85摄氏度。

3. 小种红茶的冲泡

正如上文所说,小种红茶出现时间较工夫红茶要早,在其出现之初,采摘标准也比较低,因此小种红茶的外形看上去比工夫红茶要粗大,冲泡方式基本上与工夫红茶相同,但水温要高。一般要将水温控制在90摄氏度至100摄氏度之间。用这样的水温泡出的茶才能将小种红茶的甜润、厚滑充分展现出来。

三、青茶(半发酵茶)

青茶(半发酵茶)又称乌龙茶,品类较多,是比较复杂的一种茶。根据其干茶外形可分为两大类:半球形乌龙茶和条形乌龙茶。半球形乌龙茶的代表有福建安溪铁观音、福建黄金桂和台湾高山乌龙。条形乌龙的代表有广东凤凰单枞、福建闽北岩茶、台湾文山包种和东方美人等。这类茶具有干茶粗壮、叶底三红七绿、茶品经久耐泡等特点。这类茶采摘时间晚于绿茶，一般要等到立夏后茶树长成一芽两叶时才采摘，俗称"开面采"。换句话来说，乌龙茶的春茶是在农历五月五日之后才采摘的。当然，采摘的时间也要根据当年的气候和茶树长成的情况来决定。半发酵茶的特点是：既有红茶的甜润，又有绿茶的鲜爽，这也就是为什么其外形有绿叶红镶边之说。绿叶红镶边是如何形成的，让我们一起来看一看乌龙茶的加工方式：摇青发酵、杀青定型、揉捻成型。

　　叶子采下来稍微摊晾就要发酵了，发酵在这里叫作"摇青"。我们根据要做的茶的口味来控制发酵度，一般发酵度控制在 25%~75% 之间，当其发酵达到一定要求的时候就杀青，起到稳定茶性的作用。通常被揉捻成条形或者是半球形。我们现在根据乌龙茶的形状、出产时间及发酵等特性分别介绍以下冲泡方式。

1. 铁观音春茶冲泡法

　　在铁观音的家乡安溪地区流传着这样一句谚语："春水秋香"。它的意思是春天制成的铁观音茶茶叶肥嫩，内含物丰富；秋天制成的铁观音茶香气芬芳、沁人心脾。为了突出春茶的汤汁厚滑，我们在冲泡春观音时，选择小口大腹的紫砂壶最为适宜。具体方法如下：

　　首先用近似于 100 摄氏度的开水温热茶壶，再向壶中拨入 7 克铁观音干茶，为了使茶汤更为清亮，我们用悬壶高冲的方法向壶中注满开水，再用壶盖轻轻刮去浮在壶口表面的茶沫。盖上壶盖后，用开水淋冲壶身，随即将第一泡茶滤出。这泡茶是用来温润干茶的，一般不喝。可将它淋在紫

砂壶表面，起到养壶的作用。再用低斟的手法向壶中注满开水，盖上壶盖静置 5 秒钟，随即便可出汤。泡茶静置时间可根据茶品出产山高而定。出产自 800 米至 1000 米的铁观音可静置 3 秒至 5 秒再出汤；出产于 300 米至 500 米高山的铁观音，可静置 5 秒；出产于 300 米以下的铁观音则需静置 5 秒至 10 秒再出汤。按照上述方法所冲泡的铁观音春茶味醇汤厚，经久耐泡。

2. 铁观音秋茶冲泡法

正如上文所说，铁观音秋茶香气高锐、芬芳沁脾。为了将这一特点凸显出来。我们建议大家选用白瓷盖碗冲泡铁观音秋茶。具体方法如下：

将白瓷盖碗用近 100 摄氏度的开水温烫后，再拨入 7 克干茶，随后盖上杯盖轻轻摇动，我们称这一步为摇香。经过摇动的铁观音干茶会散发出一种新鲜的兰草香。随即用悬壶高冲的手法向杯中注满开水，再用杯盖轻轻拂去由于悬壶高冲所击出的汤沫，同时出汤，将滤出的茶汤分别斟入品茗杯与闻香杯中，起到温杯烫盏的作用。这时再打开杯盖轻嗅杯中叶底，经开水洗礼过后的叶底轻轻舒展枝叶并散发着一种雅致的兰花香。第二次注水后马上出汤，金黄色的茶汤如金色水晶般清澈明亮。此时，拿起杯盖，一股温馨的清香四溢开来。

3. 半球形台湾高山茶冲泡法

在台湾，出产于海拔 1000 米以上的半球形乌龙被称为高山乌龙。这种高山茶已成为台湾优质茶品的代表。由于山势海拔较高，所以天气相对寒冷，茶叶抽芽缓慢，因此茶树鲜叶可聚集大量的果胶质及多糖。同时由于山高，云雾缭绕，太阳的直射光变成漫射光，茶树既可完成光合作用又不会被紫外线灼伤。所以茶质肥嫩多汁。这样的茶品既具有芬芳的香气，又具有汤汁浓厚的特点，且回甘力强。冲泡这样的茶品既可用传统紫砂壶又可选取质地古朴的陶土盖碗。具体方法如下：

先用近似 100 摄氏度的开水将陶土盖碗温热，再向杯中拨入 7 克干茶，盖上盖子轻摇杯身，此时干茶预热散发出如新鲜甘蔗般的清香。为保持茶品鲜醇口感，我们往杯中注满 90 摄氏度左右的开水，迅速出汤。将第一泡茶分别斟入品茗杯和闻香杯中。随后再向杯中注入 90 摄氏度的开水，同时将品茗杯和闻香杯中的茶汤倒出，一般来说，第一泡茶汤用来温热闻香杯和品茗杯，不做品饮之用。第二泡茶汤滤入公道杯后我们发现，此时茶汤呈现出一种蜜绿色的光泽。打开杯盖，一股热带蜜果香四溢而出，充满整个茶室。

4. 广东单枞冲泡法

广东单枞是一款香气高锐的乌龙茶品，它以香气品种繁多著称，清爽，回甘力强。在广东单枞茶的原产地，常见香型就多达 20 多种。由于广东单枞茶树种奇特，属大叶种转向小叶种的过渡品种，因此，冲泡广东单枞时要控制冲泡水温及出水时间。由于广东单枞属于条形乌龙，干茶外形松散，泡茶器宜选取大口大腹的紫砂壶或盖碗。具体操作方法如下：

先用近 100 摄氏度的开水温杯烫盏，再将 7 克干茶拨入泡茶器，随即扣盖摇香。此时未经开水滋润的干茶清香甜美，会呈现一种类似于花蜜香的气味。随即往杯中注入开水，同时迅速出汤。经过开水滋润的干茶迅速吐香，那种清雅的花蜜香迅速转成甜蜜的熟果香。为避免茶汤出现过渡型茶树种特有的麻感，第二次注水后，静置一两秒随即出汤。一杯甜润芬芳的广东单枞就冲泡好了。

5. 武夷岩茶冲泡法

武夷岩茶与凤凰单枞一样同属条形乌龙，也是香气种类繁多的一款茶品。但不同的是，所有的岩茶制成后要经过一段时间的焙火，所以茶汤喝起来除花香浓郁外，还有硬朗的感觉，茶人亲切地称这种口感为"岩骨花香"。为了体现岩茶这一特点，我们也要对泡茶的水温及出水时间多加注意。

泡茶器皿与冲泡凤凰单枞相同，可选择大口大腹泡茶器，水温也以100摄氏度为上。先用开水温热茶器，再向杯中拨入7克干茶，同时往杯中注满开水迅速出汤，经过温润的叶底，花香明显，随即二次注水静置3秒至5秒随后出汤。此时杯底除花香外亦弥漫着一种闽北岩茶特有的浓郁茶气。茶汤颜色通体红艳、深邃。茶汤入口，浓郁厚重，厚滑回甘。饮罢满口花香且舌底鸣泉。

四、黄茶

作为轻微发酵的黄茶，它的外部特征是黄叶黄汤，口味近似于绿茶的鲜爽，但比绿茶甜润。这种甜润源于黄茶轻微的发酵度。黄茶的加工过程只比绿茶多了一步——"闷黄"，也称"闪黄"。黄茶的加工方式是：杀青、揉捻、闷黄、干燥。由此可见，黄茶是由于绿茶烘干不足而形成的。但是，这道简单的闷黄却为黄茶的制作增添了时间成本。制作绿茶，整个流程下来只用120分钟，也就是2个小时。而黄茶的制作，由于多了一步闷黄却要耗费78个小时。由此可见，黄茶之所以喝起来香甜润滑，是因为它经过了时间的历练。在整个黄茶制作过程中，揉捻不是必要环节，因为根据黄茶的外形，我们将黄茶分成：黄芽茶、黄小茶和黄大茶。这三种条形几乎不用揉捻，同时为了闷黄充分，很多茶农在黄茶的加工过程中就省去了揉捻这道工序。我们根据黄茶条形的不同，分别介绍两种冲泡方式。

1. 黄芽茶

从该品类的名字中可见，人们选取早春的嫩芽，经过闷黄工艺加工成黄芽茶。因此黄芽茶的外形根根挺直耸立。因此冲泡时要选用透明度较高的玻璃杯。并运用绿茶中投法以体现茶形秀美。先往杯中注入50%的热水，水温控制在85摄氏度左右，再往杯中拨入3克黄芽茶，干茶入水后迅速吸水悬于杯中，此时，再向杯中注入 20% 的热水，在水柱的冲击下茶叶如根根松针上下飞舞，场景煞是壮观，其实品饮黄茶的乐趣，就是观赏"茶舞"。

2. 黄小茶

黄小茶是取一芽一叶或一芽两叶初展的茶芽精制而成，经过发酵，它比黄芽茶更为甜美、滋润，是现今黄茶市场中的主力军。冲泡黄小茶应选用下投法：先将玻璃杯用热水洗过，再向杯中拨入 3 克干茶，倒入少许开水，将叶底润湿。待干茶充分吸水后，向杯中注入 70% 的开水，水温控制在 85 摄氏度至 90 摄氏度。为使黄小茶茶汤滋味浓郁，泡茶者也可选用盖碗冲泡该茶，经过盖碗的闷香，杯中之茶会溢出如熟板栗香的芬芳之气。如果说品饮黄芽茶重在视觉享受，那么品饮黄小茶则完全是一场口感盛宴，那种甜美清爽之感如初雪融化般丝丝沁入心头。

❀ 五、白茶

白茶属于轻发酵茶。它的发酵度介于黄茶与乌龙茶之间，发酵度为 10%~20%。白茶是中国茶叶中的一朵奇葩，它只产于中国的福建中东部及北部地区。早在宋代，白茶就崭露头角，受到皇室的青睐。宋徽宗赵佶在其茶著作《大观茶论》中就对白茶这一品类进行了详细地描写。在这本书中，白茶作为当时北苑茶园的代表，独立成章。"白茶自立一种，与常茶不同，其条敷阐，其叶莹薄。崖林之间，偶然生出，虽非人力所可致。有者不过四五家，生者不过一二株，所造止于二三胯而已"。从这段文中，可看出白茶在这位帝王心目中崇高的地位。白茶的炙手可热不是空穴来风。这与它的品质有很大的关系。在白茶产茶区，流传着这样的说法：白茶一年为茶，三年为药，七年为宝。根据科学研究，有三年以上存期的白茶，是降血压、降血糖、降血脂最好的辅助饮料之一。而有七年以上存期的白茶，

则有放松神经、安眠助睡、促进排汗的效果。如此神奇的白茶加工工艺其实很简单：只有萎凋和干燥两道工序，关键在于萎凋。要制造发酵茶的茶菁必须先进行萎凋，所谓的"萎凋"就是让茶菁流失一部分水分，因为只有让茶菁流失一部分水分，空气中的氧气才能与叶胞内的成分起化学变化，这种化学反应就是所谓的"发酵"。白茶根据采摘时间和形状分成四大类：全部是芽头的白毫银针、一芽两叶的白牡丹、全部是长成叶的寿眉和贡眉。根据分类和储放年份的不同，我们在这里分别介绍三种冲泡方式。

1. 白毫银针冲泡法

作为白茶中的上等品，制作白毫银针的茶菁都是选用春季芽头，这样的茶芽根根挺直，外裹白色绒毛，故名"白毫银针"。冲泡这样的针形茶，我们可选用透明度较高的玻璃杯，运用中投法冲泡。具体操作方法如下：

首先，往玻璃杯中注入 50% 的开水，水温控制在 90 摄氏度至 100 摄氏度。根据茶芽采摘时间不同，选择不同的水温，茶芽越嫩，水温越低。其次，向杯中拨入 3 克干茶，待干茶逐渐吸水后，向杯中注入 20% 的开水，泡成后，茶芽根根直立，浮于水中。同针形绿茶和黄芽茶一样，品饮白毫银针的过程是极具视觉享受的。在品饮此茶时，不仅我们的味蕾可受到甘醇茶汤的滋润，我们的视线也会受到该茶美丽外形的熏陶。

2. 白牡丹及寿眉、贡眉冲泡法

正如前文所述，制作白牡丹的茶菁选用的是一芽一叶或一芽两叶的白茶鲜叶，制作寿眉及贡眉的原料则是选取白茶的长成叶，由此可知，这三款茶外形并不俊美、紧结。但正是这样的长成叶经过发酵后茶汤会转换得甜美滋润，根据这一特性，我们在冲泡这三款白茶时可选用盖碗或紫砂壶作为泡茶器，具体操作方法如下：

首先，用开水温热泡茶器，再向杯或壶中拨入 3 克干茶，第一次冲水后迅速出茶，这一步骤被称为温、润、泡。意在迅速使干茶吸水吐露茶香。

此泡茶一般不用作品饮。第二次冲水后，盖上盖子静止1秒至3秒，静置时间也根据茶品老嫩程度而定。越嫩的茶品静置时间越短，随后迅速出汤。此时的茶汤呈杏黄色，香甜滋润，清爽适口。

3. 年份白茶煎煮法

在白茶的原产地流行这样的说法，白茶是一年为茶，三年为药，七年为宝。一般来说，对于十年以上的老白茶使用煎煮法的方式品饮，更能体现其茶汤的甘醇及强烈的药性。一般来说，我们会选用陶制侧柄壶或玻璃提梁壶作为煮茶器。先将煮茶器用热水温热，再向壶中拨入5克至7克干茶，点入少量热水放在明火上焙香。待干茶吸水出香后在向壶中注入三分之二热水。烹煮约一段时间，待壶中茶汤泛起白沫便可注入开水，随即出汤。出汤后壶中要保留约三分之一的茶汤，以备后用。经过烹煮的白茶，果胶质、多糖充分浸出，药香强烈，因此茶汤更为厚滑、甘醇。当身体因外寒入体百节不舒时喝上一壶这样的白茶，马上会有大汗淋漓、疏筋松骨的感觉。

六、黑茶

黑茶属于后发酵茶，也就是说此茶在制作加工过程中未经发酵，其发酵过程是在该茶成品储藏时完成的。黑茶的采摘标准比较粗老，一般是采取一芽四五叶的鲜叶加工而成。在过去，黑茶是制作各种紧压茶的底料，由于陈年的黑茶具有去油、轻身、改善大肠环境的效果，所以在过去主要销往内蒙古、新疆、西藏等以食用牛、羊肉为主的少数民族地区。因此也被称为边销茶。比较著名的有湖南的天尖、茯砖、湖北的老黑茶、安徽的老安茶、广西的六堡茶，以及云南的普洱茶。

普洱茶在黑茶中属于比较特殊的茶类。现在的普洱茶被分成两大类：熟茶和生茶。熟茶工艺出现的时间比较晚，是在二十世纪七十年代初期。一般来说，普洱熟茶茶性温和，茶色红艳，茶汤甘醇厚滑。普洱生茶和其他产地的黑茶茶性猛烈，茶色清亮，茶汤清冽，回甘力强。根据黑茶品类的不同，我们在这里介绍三种冲泡方法。

1.普洱生茶冲泡

在云南，茶农们会用早春的嫩芽或雨季过后茶树生长出的第一批树芽制作普洱生茶，虽然看起来都是普洱生茶，但由于叶芽不同，所以冲泡方式略有不同，我们先介绍普洱春茶冲泡法。一般来说，在云南地区，大树普洱抽芽在三月底、四月初，这时的芽头肥壮多汁，茶表绒毛细腻。冲泡这样的茶品，水温不宜过高。一般将水温控制在 95 摄氏度至 100 摄氏度之间。冲泡方法如下：

首先选用盖碗或大口大腹紫砂壶，温杯烫盏后向杯中拨入 7 克干茶，随即将晾好的开水（水温控制在 90 摄氏度至 95 摄氏度）注入杯中，随后出汤。经过开水温润的干茶吸水吐出云南茶特有的草本植物的香气，第二次注水后无须等待随机出汤。茶中的内含物与水相溶，茶汤清爽厚滑，明亮清澈。春茶以茶经久耐泡、香气纯净持久且富于变化而著称。备受茶客

们的青睐，是现今普洱生茶的主力军。普洱秋茶被称为谷花，一般用来做熟茶，但也有个别茶农将其采摘下来制成生茶。谷花茶的芽头较春茶干瘪细瘦，但回甘力强，口感刺激。冲泡方式与冲泡春茶基本相同，但水温要高。由于茶叶粗老，因此冲泡水温应控制在100摄氏度左右，用此水温泡出的茶品才经久耐泡。

2. 普洱熟茶冲泡法

　　普洱熟茶出现的时间较晚，大概只有40多年的历史。它的加工原理是通过加湿加热的处理使普洱生茶迅速氧化，茶红素快速浸出，具有汤色红艳、汤汁厚滑、陈香十足的特点。冲泡这样的普洱茶适合用大口盖碗或大口大腹的紫砂壶，用将近100摄氏度的开水温杯烫盏后再向杯中拨入适量干茶，随即注入开水迅速出汤。如果是选择用紫砂壶冲泡，则可将这第一泡茶汤均匀泼洒在紫砂壶表面，帮助普洱茶吐露茶香，在往壶中注入第二次开水后

静置 2 秒至 3 秒随即出汤。上好的普洱熟茶汤色红艳深沉，茶汤有胶质感，轻晃公道杯会出现挂杯现象。茶汤入口，滋润，甜美，不骄不躁。

3. 老黑茶煎煮法

无论是云南的普洱茶抑或是其他地区的黑茶，经过陈化，干茶与氧气充分结合并氧化，茶红素、果胶质及多糖迅速溢出，发花，汤色由青黄转至浅红，口感由清爽刺激转为甜美厚滑。但经年的陈放不免会惹上思思尘埃或招致一些杂味，因此我们用黑茶煎煮法使茶汤变得更为醇厚。具体操作如下：

选择一只侧柄壶，先用热水润湿壶内壁，再拨入适量干茶，敞开壶盖，放在明火上，微烤，待壶壁水分蒸发再注入少量开水继续焙茶，这一步是能否去除茶中杂味的关键步骤。随后向壶中注入二分之一的开水，待茶汤表面泛起白沫之际，向壶中注满 100 摄氏度的开水，随后立即出汤，出汤后，壶中保留三分之一的茶汤以备后用。陈年的普洱茶之所以受到老茶客的推崇，是因其越陈越香的特质及充足的茶气，所谓茶气，就是饮茶后全身经络的胀热感及全身发汗，这样的感受只有喝过用煎煮法烹制的陈年黑茶才能体味。

第三节
茶有十德

中国茶不仅仅是一种饮料，在更多的国人看来，茶是一种文化、是国粹、更是中华精神的体现。我们上文通过介绍孟子及其言论发现，中国的儒学是一门非常完整的哲学体系。从古至今，人们在衣食无忧的情况下就会去寻求精神的皈依。因此，春秋战国时期的诸子言论可以百家争鸣，争奇斗艳。而茶，作为一种国饮，随着中华民族的千年历史传承下来，它既能满足人们对基础物质的要求，又能使人们得到精神上的享受。唐人刘贞亮就曾写过茶有十德：

"以茶散郁气；以茶驱睡气；以茶养生气；以茶除病气；以茶利礼仁；以茶表敬意；以茶尝滋味；以茶养身体；以茶可行道；以茶可养志。"由此可见，茶在中国已经不单纯是一种饮料，它更是一种精神食粮，甚至代表着一种价值取向。

但我个人认为，刘贞亮的"茶十德"只是从茶的功能、药用、味觉及思想上很表象地论述了茶的高尚品德，而没有从儒家层面将茶德阐述清楚。在《论语》中，孔子以德比玉，认为玉有十德，曰："君子比德于玉焉。温润而泽，仁也；缜密以栗，知也；廉而不刿，义也；垂之如队，礼也；叩之，其声清越以长，其终诎然，乐也；瑕不掩瑜，瑜不掩瑕，忠也；孚尹旁达，信也；气如白虹，天也；精神见于山川，地也；圭璋特达，德也；天下莫不贵者，道也。"玉的这些特性，使我不禁联想到茶。这玉之十德亦符合茶之本性。

1. 茶之仁

"仁者，精光内蕴，观其光者，垢灭善生，敬仰之心也。"茶人都认为，茶，至清至洁，在陆羽《茶经·一之源》中曾讲求一款好茶的出现，除靠天时和地利外，人利也很重要。要求制茶人采茶采得净，制茶制得精。一款好茶，无论是何种品类，看上去一定是外形均匀、色泽透亮有光泽，这恰似一块好玉表面精光内蕴，通过观看干茶的外形，我们可以想象到，采茶人是如何怀着珍惜的心情将这天寒地韵的灵芽捧于掌间。也可想象制茶人如何用悲天悯人的胸怀让茶安睡在锅中，一片小小的茶叶体现了采茶人与制茶人的仁慈之心。当我们品茶人观看到如此精益求精的茶叶时，也不禁想将这些干茶唤醒。茶叶的美好激发了泡茶人的兴致。我们怀着喜悦的心情，以安详的态度、轻柔的动作演绎茶叶的美好。不知道是茶叶激发了我们的仁爱之心，还是我们成就了茶仁精神。

2. 茶之义

"义者，廉而不锐，圆融无碍也。"中国茶道的精髓被浓缩成四个字——廉、美、和、敬。其中"廉"就是茶之大义的表现。中国以茶养廉的风俗自南北朝时就开始风行。至明朝初年，此风更甚。从平民百姓到文人雅士，从国家官吏到皇亲贵胄无不以茶养廉，以茶明志。茶，至清至洁，喝茶的人，心中坦荡，也如茶般清廉。同时，茶叶因富含棕榈酸，固有吸香定香之效，既可吸收花之香气，犹如一位胸存高远大益之君子，能不断学习吸收他人之优点，圆通达道，又能保持内心平和，矢志不渝，刚正不阿。这一特性恰似美玉廉而不锐，圆融无碍。

3. 茶之礼

"礼者，佩之坠下，自卑而尊人也。"有礼仪之美，称之为华；有国土之大，称之为夏。泱泱华夏，悠悠历史，客来敬茶，贯古通今，是我华夏民族的传统美德。茶之礼，渗透到社会的各个层面，学生拜见老师奉上一杯茶以示虚心求教，儿女向父母献上一杯茶以示尊老孝敬，婚礼上夫妻双方互相敬茶以示至死不渝，朋友之间相互敬茶以示友悌恭敬。无论是古时文人雅士的以茶代酒，还是现代人的客来敬茶，我们不难发现，茶，将中华的礼文化具象化，这是就饮茶风俗而言。同时，在泡茶过程中，泡茶人有条不紊的让茶具与茶叶及水相得益彰、各司其职也是守礼的表现。《礼记·曲礼》中讲：人之所以能成为万物之灵，不同于禽兽，是因为人类懂得用礼法来约束自己，知礼、习礼。而一片小小的茶叶竟能担当教化人们知礼谦让的重任。我们细看茶叶，它如山之精灵，牺牲自己，化成甘露激发万民之心，普度众生。这正是礼之自卑而尊人的体现。

4.茶之智

"智者，缜密以栗，自知者明，己严外宽也。"孔子在《论语》中也曾经说过"仁者不忧，智者不惑，勇者不惧"，"智者不惑"正是因为智者可以做到严于律己，宽以待人，这是一种无上的智慧。茶叶本身就是这样充满智慧。小小一片茶叶，经过水与火的洗礼，化为甘露，散发着迷人的芳香，将甜美、润滑留给别人。在中国茶道中，人们也是通过茶道的修炼，使自己成为内心庄严、表面温和的人。茶叶的智慧在于它随口不能言，却是以实际行动开化人的心灵，启迪人的思想。华佗在《食经》中讲："苦茶酒食益意思。"卢仝的《七碗茶》中也讲："三碗搜枯肠，惟有文字五千卷。"由此可见，国人饮茶，意在开启智慧，激发灵感。

5.茶之信

"信者，乎伊旁达，触照其身，莫不安乐，不生疑惑也。"从这段文字，我们可以看出，信是一种人与人，以及人与物之间的关系。我们现代人经常讲究信任，信誉。信，似乎成了现代人之间联系的一种微妙纽带。我们如何能够做到信他，西方哲学认为信他源于自信，也就是信己。那么我们

又如何能做到信己，或者说是自信。孔子在论语中说道："君子敬事而信。"也就是说，能做好身边的每一件小事，就能增强自己的自信心，从而取得别人的信赖。这个道理用在中国茶道中尤为恰当。泡茶师充分了解茶之特性，综合水、器等多方面因素，将每一道茶以最完美的形式演绎出来，就会得到品茶者的信任。泡茶者通过认真泡茶，可以做到修身养性。同时，品茶者亦可通过茶道，做到静心养神。简单的一杯茶，成为增强品茶者与泡茶者相互信任的纽带。

6. 茶之天

"天者，气如白虹，度量如海也。"中国人认为凡事莫大于天。上天有好生之德。人类的一切，如风雷雨电，都是上天给予的。上天是伟大的，是最具有包含力的，也是大公无私的化身。诗人泰戈尔有过这样的诗句："大海是广阔的，比大海广阔的是天空，比天空广阔的是人的心灵。"由此可见，无论中外，无论古今，人们认为人的心灵与上苍一样具有广大的包容力。我们这里所说的茶之天德，一方面是因茶性包容，且不失其自身，另一方面是因茶有放松精神和开阔视野之功效。茗茶久饮，可使人内心宽广，温和处事，如茶般甘露滋润人心，恰如苍穹宽广，笼盖四野。

7. 茶之地

"地者，精神见于山川，自然中自然相，返璞归真也。"茶之地德，表现在茶的口感上。我们知道中国茶根据发酵工艺的不同，被分成六大类。但是不管是何种类别的茶，好的茶都有一个共同的特点，就是气韵十足。韵和气是两种感觉。所谓的茶韵，就是茶汤入口，口腔中第一时间就变清爽。茶汤滑过喉咙，品茶者觉得茶汤很厚，咽下去的似乎不是水，而是牛奶或巧克力浆，浓稠厚滑。茶汤落肚，热气升腾，满口留香，舌底鸣泉。品茶的这种感觉就叫茶韵。所谓的茶气，是茶汤落肚后，胃部感觉温热，恰暖石入怀，全身开始放松。身上的毛孔慢慢张开，有微微发汗的感觉。辨别一款茶好坏的方法很简单，只要看这款茶有无气韵。一款好茶，气韵十足，会给人敦厚、稳重之感。这种实在的感觉使人不禁想到《易经》中的坤卦：地势坤，君子当厚德载物。

8. 茶之道

"道者，其质纯洁，犹如雪山，虽入淤泥，清净无染，人所共修也。"很多人问我什么是茶道，我想用《中庸》的开篇来解释："天命之谓性，率性之谓道。"所谓的"道"，就是将人类的天性适当地发挥出来的方法。它是人的善良之心、羞耻之心、责任之心、奉献之心、怜悯之心。这五心构成了人之道。所谓茶道就是通过识茶、辨茶、泡茶、品茶修炼这五心。这种道清洁、纯粹，如天空皎月，又如山头白雪。茶就是一种可以给人这种精神力量的物质。它从采摘到加工再到品饮，无不透出精细、自然之感。关于这一点，我们从茶类出产时间、特性及加工可窥见一斑。春季万物生发，是名优绿茶上市的时间。春天的绿茶，鲜爽又滋润；立夏之后出产红茶及乌龙春茶，这时的茶叶内含物丰富，做成的全发酵茶或半发酵茶，茶汤厚滑，有内涵；秋天是乌龙茶大量上市的季节，这时出产的半发酵茶，香气高锐，茶韵十足；冬季北方虽然天寒地冻，但我国的台湾地区、海南依然阳光明媚，这时是台湾高山乌龙茶的最佳出产时节，这些冬茶茶香四溢、茶汤浓厚。从上述茶叶出产时间就可看出，茶是一款顺应自然之道的产物，也正呼应了道法自然的规律。

9. 茶之德

"德者，玉璋特达，规矩方圆，不浮不沉，静而无躁也。"茶之德，在于其沉稳的个性。好茶的标志，除了有整齐的条形、美丽的光泽外，还须具有持久耐泡的品德。中国茶人认为，一款好茶，如一位谦谦君子，经得起时间的考验，应越品越有滋味，且每一泡都可给品茶者带来惊喜。茶之德也正在于此。同时，《论语·为政篇》中曾云："为政以德，譬如北

辰，居其所而众星共之。"这句话本是讲为政者以德治国，群臣便会像众星捧月般在其身旁辅佐。由此可见，为政者不可撼动的地位是由德而生，茶之德也正在于此。古有柴米油盐酱醋茶，今有琴棋书画诗酒茶。无论时代如何变迁，茶以其特有固性成为人们精神抑或是物质生活中必不可少的一部分。

10. 茶之忠

"忠者，瑕不掩瑜，瑜不掩瑕，表里如一也。"辨别茶的方法很简单，就像我们日常择友一样。一杯茶的好坏，是通过观察其外形、色泽，品尝其茶汤感受及其回甘后综合评价得出的。恰似如我们判断一个人是否是值得交往的谦谦君子，可通过观察其言行神色和与之交往体悟后进行综合评定。但辨茶与辨人又略有不同。因为茶不会伪装自身，它的优点永远不会被无限扩大。同时，它的缺点也不会被刻意隐去。这就是茶之忠，贵在朴实无华，忠贞无二，表里如一。

第四节
友悌茶与义

1. 备具

茶仓一只，茶道组一套，赏茶盘一枚，品茗杯3只，公道杯一只，祥陶盖碗一只，壶乘一只，祥陶茶漏一套，提梁风炉组一组，茶席一块。

2. 正文

孝敬长辈，友爱平辈或晚辈是儒学中"义"的具体表现，《大学》的开篇就告诉我们，一位真正的正人君子要做到修身，齐家，治国，平天下。这就是"义"在日常生活中的表现。我们现在为大家介绍的这套友悌茶，就是将友悌的成语故事与茶道结合在一起，让大家体会到传统文化中的"义"。

第一步：亲如手足（介绍茶具）

元代人孟汉卿在《魔合罗》第四折中曾这样说道："想兄弟情亲如手足，怎下的生心将兄命亏？"这是讲兄弟之间要有亲情，就像人必须有手和脚一样。我们要泡出一杯好茶，除了要有茶叶之外，茶器和泡茶的水也是不可或缺的。茶器坚硬，刚直如大地，用来盛放茶叶，象征兄长对幼弟的深沉呵护；泡茶用的山泉水，至清至洁且甘美柔顺，象征长姊对幼妹的温柔体贴。我们借助这一道程序，来介绍茶具：茶仓用来盛放干茶，茶道组中的茶则用来提取干茶，茶夹用来夹放品茗杯，茶拨用来拨茶，茶盘用来欣

赏干茶的色泽与条形，品茗杯用来啜饮茶汤，公道杯用来观赏汤色，茶漏用来过滤茶渣，祥陶盖碗用来泡茶，提梁风炉组用来烹水。一杯好茶的烹制是器、水、茶的结合，缺一不可。就像兄弟之情如人之手足般不可缺少。

第二步：煮粥焚须（烧水）

《新唐书·李勣传》："性友爱，其姊病，尝自为粥而燎其须。"这个故事讲的是，唐太宗时期有位大臣叫李勣（"勣"音同"绩"），原名徐世勣，后功勋卓越被赐为李姓，改名为李勣。这个人因战功显赫，被封为英国公，是初唐二十四功臣之一。地位如此显赫的李勣，对姐姐非常的恭顺。姐姐想喝粥，他怕仆人煮的粥不合姐姐的口味，居然亲自下厨，生

58

火煮粥，以至于烧了自己的胡子。这道程序是煮水，我们怀着"煮粥焚须"的心情，为品茶者们煮上一壶清泉以示恭敬。

第三步：友于兄弟（温杯）

《论语·为政》："孝乎惟考，友于兄弟，施于有政。"论语中《为政》篇有这样的记载：有一次，有人问孔子，你为什么不从政呢？孔子说孝敬父母为孝，友爱兄弟为悌，将孝和悌运用得好，并影响他人，也是一种从政的方式。从政的形式不应拘泥于做官。这一点在茶道中的表现是，用开水温烫杯盏。这是为了帮助干茶快速提高茶香，体现了茶之于水的关爱。

第四步：戚戚具尔（取茶）

《诗经·大雅·行苇》："戚戚兄弟，莫远具尔。"我们都知道《诗经》是中国第一部诗歌总集，分为《风》《雅》《颂》三篇。其中《大雅》收集了歌颂周王室先贤丰功伟绩的诗歌。在《诗经·大雅》中有"戚戚兄弟，莫远具尔"的记载。它歌颂了兄弟之间应亲密无间，不离不弃。这道程序是取茶。将茶则探入茶仓中，双手同时下翻，让茶叶自动流到茶则中，表示了茶人对茶叶的体恤及亲爱之情。

第五步：兄友弟恭（赏茶）

在西汉司马迁所著的《史记》中，他将歌颂君王德操的文章命名为"本纪"。《史记》开篇就是《五帝本纪》，司马迁在这篇文章中大大的肯定

了舜的为人。他说："使布立教于四方，父义母慈，兄友弟恭，子孝，内平外成。"舜以一介布衣能君临天下，就是因为他能够对内使家庭团结，对外能和谐社会。兄友弟恭是和睦家庭的表现，我们的这道程序是赏茶。泡茶人在让品茶人欣赏干茶的同时，也平和心态，做到恭谦礼让。

第六步：伯歌季舞（拨茶）

此典故出自汉·焦延寿《易林》卷三："秋风牵手，相提笑语。伯歌季舞，燕乐以喜。"根据中国传统排序方式，伯仲叔季分别代表了第一、第二、第三、第四。因此我们有"不分伯仲"之说。汉代的焦延寿曾撰写过《易林》一书。其中卷三描写了兄弟齐心、兄唱弟随、其乐融融的景象。我们将这个成语用在拨茶入杯的环节里，茶器如长兄，茶叶如幼弟。幼弟投入长兄的怀抱，亲密无间，气氛融洽。

第七步：契若金兰（润茶）

《易·系辞上》："二人同心，其利断金；同心之言，其臭如兰（"臭"通"嗅"，古时为通假字）。"我们经常讲异姓兄弟或姊妹心心相印，惺惺相惜，此为金兰之义。这道程序是润茶。干茶经过山泉水的洗礼，散发芬芳的味道，正如金兰之芬，源远流长。

第八步：埙篪相和（泡茶）

《诗经·小雅·何人斯》："伯氏吹埙，仲氏吹篪。" 篪是古代的一种乐器，即竹埙，一般来说它是和埙一起演奏的。古人用埙篪相合形容兄弟友爱，同心同德，同舟共济。这一步是泡茶，水与茶在盖碗中相交融，水为茶之母，茶为水之精。水开启了茶的灵性，茶为水增添了芬芳。这正是埙篪相合的表现。

第九步：同气连枝（出茶）

南朝梁·周兴嗣《千字文》："孔怀兄弟，同气连枝。"这两句话谈的是五伦中的兄弟之道。兄弟之间要相互关爱，彼此气息相通。因为兄弟之间有直接的血缘关系，如同树木一样，同根连枝。通过上一步的泡茶，水与茶已融为一体。这一步出茶是将茶水滤出。此时的茶与水已如兄弟般同气连枝。

第十步：推梨让枣（分茶，敬茶）

《后汉书·孔融传》中记录了这样一个故事："汉末孔融兄弟七人，融居第六，四岁时，与诸兄共食梨，融取小者，大人问其故，答道：'我小儿，法当取小者。'"南朝梁王泰幼时，祖母集诸孙侄，散枣栗于床，群儿皆竞取，泰独不取。问之，答道："不取，自当得赐。"后人用"推枣让梨"体现兄弟之间的谦恭礼让。我们借助分茶、敬茶的程序，表达茶人的平等礼让之心。

茗儒茶道与国学经典

MINGRUCHADAO YU GUOXUEJINGDIAN

第三篇

·礼·

第一节
礼从心开始

中华民族是礼仪之邦，左传中曾云："有礼节之美称之为华，有国土之大称之为夏。"作为华夏民族的子孙，应做到知书达理。民间有句俗语"三岁看大，七岁看老"，很多人不理解这句话，一个三岁大的儿童，还不能流畅地表达自己的思想和意愿，怎么可能通过他当时的表现预测其长大后的样子。七岁大的孩子，也就是刚上小学一二年级，我们又怎么能通过观察这个孩子的行为举止而总结他漫长的一生呢？

其实，"三岁看大，七岁看老"是因为在古代孩子到了三岁（就是现在该上幼儿园的年纪）家长要教他背诵《弟子规》。《弟子规》的总叙说："弟子规，圣人训。守孝悌，次谨信。泛爱众，而亲仁。有余力，则学文。"这段总叙实际上是给尚未开蒙的幼童立规矩，从小树立他们做人做事应恪守的原则，同时培养他们良好的学习习惯。如果一个幼童从三岁起，就接受孝悌、仁爱、谨言、慎行等方面的培训，养成坚持不懈、努力进取的学习习惯，那么在他长大后成为一位受人尊敬的谦谦君子则是无可厚非的。"孝"是指孝敬自己的父母，"悌"是指亲爱自己的兄弟。从小要求孩子孝敬自己的父母、友爱自己的兄弟，将孝悌的理念植入他的心中，那么在他长大后自然就会对待别人的父母像对待自己的父母一样，对待别人兄弟像对待自己的兄弟一样。这就是儒经中所讲的"老吾老以及人之老，幼吾幼以及人之幼"的道理。这样，孩子长大后如果做了领导，就会亲爱下属、团结友爱，从而为构建和谐社会尽一份绵薄之力。当他在心中树立了"要努力成为受他人尊敬的人"这条人生理想时，那么他自然就会知道为什么学习，学习的方向是什么。

《弟子规》这部书除了在精神上为孩子们指出方向，比如孝悌、谨信等为人之道，同时还具体地从衣食住行言行举止等方面为孩子们做出正确的指导。在《弟子规》中，《谨篇》是继《总则篇》《入则孝篇》《出则悌篇》后规定幼童日常行为举止的篇章。原文中是这样记载的："朝起早，夜眠迟。老易至，惜此时。晨必盥，兼漱口。便溺回，辄净手。冠必正，纽必结。袜与履，俱紧切。置冠服，有定位。勿乱顿，致污秽。衣贵洁，不贵华。上循分，下称家。对饮食，勿拣择。食适可，勿过则。年方少，勿饮酒。饮酒醉，最为丑。步从容，立端正。揖深圆，拜恭敬。勿践阈，勿跛倚。勿箕踞，勿摇髀。缓揭帘，勿有声。宽转弯，勿触棱。执虚器，如执盈。入虚室，如有人。事勿忙，忙多错。勿畏难，勿轻略。斗闹场，绝勿近。邪僻事，绝勿问。将入门，问孰存。将上堂，声必扬。人问谁，对以名。吾与我，不分明。用人物，须明求。倘不问，即为偷。借人物，及时还。后有急，借不难。"

在这一部分中，《弟子规》首先要求幼童要养成早睡早起的好习惯，同时不要虚度光阴，不要把时间浪费在过长的睡眠当中，因此要"夜眠迟"，早晨起床后要养成洗脸刷牙的好习惯。可能有人会觉得好笑，在当代还有人不会洗脸刷牙吗？其实，洗脸的礼仪在《礼记》中是单拿出来讲的，被称为《盥礼》。《盥礼》表面上是要求净手，实则是让读书人通过净手来洗涤自己的心灵，让内心纯净无比。读到这一段时，有人可能会问，古人清洁口腔为什么是漱口而不是刷牙呢？因为古人没有牙刷和牙膏。南方地区所谓的牙刷是一种软木，他们会用这种软木刮舌苔，以保证口腔清洁无异味。为了防龋齿及去除牙渍，大多数人选择用青盐搓牙。《弟子规》中的"晨必盥，兼漱口"不仅是让孩子们从小养成讲卫生、爱干净的好习惯，更是让孩子们从小树立做人、做事干净整洁的原则。我们中国人认为一个衣冠邋遢的人，是不会注重事物的细节的，因此做人做事就不会面面俱到。讲过了如何讲究个人卫生，《弟子规》又规定了孩子的着装礼节。"冠必正，纽必结"是讲戴帽穿衣的注意事项。在古代，男子17岁至20岁时可

行成人礼（即冠礼）。加冠后，出门就要戴帽子，帽子一定要佩戴端正。古人认为"冠正则心正"，所以古人对"冠正"是非常重视的。我在这里讲一个关于戴帽子矫枉过正的故事。孔子有一个著名的学生叫子路，子路这个人高大勇猛，但是头脑有点简单，做事有点鲁莽。孔子评价这个学生说："子路，虽质朴但思想过于大条，每次交给他的事情只能交一件，如果同时交给他两件事情，他就会迷茫不知所措。"这个子路就是死在了帽子上。有一次，骁勇善战的子路参加一场战役。当时对方的箭把子路的帽子射歪了，这是一个非常危险的信号，一般人遇到这种情况就会意识到自己的生命受到威胁。但子路恰恰不是一般人，他牢记作为一名儒生要"冠必正，纽必结"，所以在如此危急的时刻，他居然放下刀戈，正冠束带。结果一代儒士因为一顶帽子惨遭杀戮。从这个故事中我们能看出帽子在古人心中是何等重要。这也是为什么在现代礼仪中，人们在鞠躬时要脱帽，因为我们把帽子看成身体的一部分，行礼脱帽表示谦逊、恭敬。"纽必结"是因为古人着装除手脸以外，所有的皮肤要用宽大的衣服遮住。如果不将所有的带子系上，难免会有皮肤裸露在外的情况，这是失仪的表现。讲过着装礼仪后，再讲穿着鞋袜的礼仪。"袜与履，具谨切"是因为古人的袜子没有松紧度，古人将袜子叫作足袋。将足袋套在脚上时，需用白色布带扎紧再套上鞋子，也就是履。如果足袋穿的不合适，过于松弛，鞋子就会不跟脚或者穿着不舒服。不仅外观邋遢，还容易摔跟头。古人与现代人不同，衣服的数量、花样并不多，基本上一年只做一套衣服。因此古人对衣服的穿着很珍惜，讲究着旧衣如着新。特别是出门的正装，在不穿的时候就要安置在妥当的地方尽量保持整洁，不使其沾上污秽。衣服是我们的第二张名片，衣着整洁的人起码是知道尊重自己亦尊重他人的人。《弟子规》在这个部分大力讲述了着装要保持整洁。如果一个人从小养成珍惜自己衣物的好习惯，长大后就会拥有懂得如何珍惜他人物品的美德。在要求完置冠穿衣之后，《弟子规》就为孩子穿什么样的衣服做出了方向性的指导。美国人有一个谚语叫作"穿什么衣，做什么人"。由此可见，出席什么样的场合，穿着什么样的衣衫是很重要的。我们根据自己的家庭环境、身份、经济条件及活动场合去选择适合自己的衣服。比如现在的学校都有自己的校服。一般的学校，都会让学生准备两套服装，一套运动服，一套正装制服。上体育课时为了方便锻炼，自然要选择宽松的运动服和球鞋。学生上学是为读书明理，学规矩、习礼仪，所以自然要穿着整齐大方，不能过于暴露和花哨。同时这些统一的校服，不会让学生们把精力浪费在挑选什么样的衣服上，杜绝了攀比之风。讲完了"衣"，《弟子规》后面就讲"食"。老人们经常教导孩子，吃饭要有"食相"。吃饭没吃相是没有家教的表现，那么吃饭的规则是什么呢？《弟子规》中规定：首先吃东西不可以挑食，这是因为儿童在长身体，饮食要均衡。同时，吃东西不可贪多，不可暴饮暴食。家长们应对孩子们的饮食进行有规律的节制，以杜绝孩子们养成暴饮暴食、贪得无厌的个性。那为什么青少年不可以饮酒呢？因为青少年的脑部神经没有完全发育成熟，一旦受到酒精刺激，行为、语言则不受大脑支配，便不能理智行事。所以《弟子规》中讲："年方少，勿饮酒。饮酒醉，最为丑。"

人是一种群居动物。从原始部落的群居到现代社会的秩序分工，每个人都有复杂且庞大的社会关系。简单来说就是生活在这个世界上，我们要不断地与他人交往从而证明自身的存在。西方有位哲学家叫马斯洛，他将社会人的需求由低到高分为五个层次，分别是生理需求、安全需求、社交需求、尊重需求、自我实现，由此可见，简单地满足口食之欲不是人类的终极目标。当人类能够吃饱穿暖、有地方遮风挡雨时，就产生了与他人交流的愿望，并且希望通过与他人交往而得到他人认可。那么我们如何能获得他人信任并成为受人尊敬的人呢？《弟子规》在《谨篇》中就给出了说明。首先从仪表上对青少年做出了示范："步从容，立端正。"这也是我们现代人所遵循的礼仪规范，即坐如钟、站如松、行如风。古人认为人作为高级动物，与其他动物的本质区别在于人有"礼"。有"礼"的最初体现在于人类会行礼。因此《弟子规》在规定青少年的仪表规范后，又提出应如何行礼，这就是"揖深圆，拜恭敬"。古人作揖讲究左手压右手，因为一般人都是右手有力量，可以拿刀拿枪，而左手却很少用，故无缚鸡之力。

因此古人认为左手代表和平，右手代表戾气。左手压右手，即和平之手盖住戾气之手。教完行礼，《弟子规》还教授大家与人交谈时，不应出现的坐姿和站姿："勿践阈，勿跛倚。勿箕踞，勿摇髀。""勿践阈"就是不要站在门槛上。古代建筑的门槛是用来防洪水的，所以一般建得比较高。如果踩在门槛上就容易把门槛踩坏，一旦发生洪水，洪流就会轻而易举地涌入房间。"勿跛倚"中"跛倚"就是像瘸子那样站着或倚靠其他物品站立。我们常讲一个人的站立姿态代表了他的精神状态，一个人的精神风貌完全可以体现在其站姿上。正确站立的方法：挺直上身，将身体重心平均分配于双腿，双腿同时着地，挺胸收腹，双眼平视于前方。"勿箕踞"是指人在坐下时不要双腿分开像簸箕一样坐着。汉唐时期的中国对于坐姿的要求

是正坐，即跪坐于榻上。与跪不同的是，正坐者脚掌直立，小腿绷紧，臀部与小腿间略有缝隙，上身挺直，双手左搭右自然放于大腿上。自隋唐始，胡凳（其形制类似于现在的椅子）越来越受到汉族人的喜爱，人们逐渐摒弃了座席而改为胡凳，因此坐法也发生了改变。一般来说，坐胡凳的要求是，臀部坐在椅子二分之一或三分之一处，大腿平行于地面，两脚着地并拢双腿，双手左搭右置于大腿上。"勿摇髀"中的"髀"是指胯骨。人在行走时讲究四平八稳，如果行走时来回摇胯骨，就会显得举止轻佻，给人以浮夸做作之感。《弟子规》中讲的这四种行坐礼仪，即便是今天看来，也是非常实用的。我们如果在日常生活中注重这些礼仪小细节，就会显得端庄大方，从而得到他人的认可与信赖。

自身的行为礼仪达到完善之后，就应注重平时行动的细节。比如在为别人开门时，掀动门帘要轻手轻脚，尽量不要发出声音以免惊扰他人；在转弯的时候，要转大弯，不要拐死角，以免撞在建筑物上；"执虚器，如执盈"是说持空的器皿也要像执盛满水的器皿一样小心，这是要求青少年从小就养成稳重、谨慎的性格；进入空屋子的时候，也要小心谨慎，就好像屋子里有人一样，不要做出让自己尴尬的举动，这就是现代人常说的慎独；做事情的时候要有条不紊，循序完成，不着急、不鲁莽，亦不敷衍了事。《弟子规》的后面两句说："斗闹场，绝勿近。邪僻事，绝勿问。"这是教育少年人要珍惜青春时光，将主要精力放在学习知识、树立人格上。古人讲"玩物丧志"，少年人还没有形成健全的逻辑思维模式，辨别是非的能力不强。如果经常出入一些声色犬马之地，听闻一些乱神怪力之说，长大后的人生观、世界观和价值观就会产生偏差。关于"将入门，问孰存。将上堂，声必扬。"这是从古至今中国人都遵循的礼仪习惯，是为了避免不必要的尴尬。我在这里讲一个关于孟子的小故事，我们都知道孟子在儒学体系的地位与孔子几乎可以并驾齐驱，因此他被尊称为"亚圣"。他的举止言谈是严格遵守儒家"大六艺"中的"礼"。然而即便是知书达理的孟子，也曾因为进门不敲门而被孟母斥责过。这是怎么一回事呢？有一天，孟子走到母亲的屋子里面，跟孟母说，想要休妻。孟母就问孟子："你休妻的理由是什么？"孟子对母亲说："我偶尔进入妻子的房间，发现她一个人独处时，没有端坐正堂中，而是蹲在席子上。我认为她是一个不懂礼仪的人。"孟母想了想又问他："你进屋的时候有没有在屋外高声通报过？"孟子老实的回答："没有，我只是推门进去了。"这时孟母非常严厉地批评孟子："你进屋前没有高声通报，是失礼在先，你怎么能苛责你的妻子失仪呢？"从这个故事我们看出，古人的礼节是融在生活的点滴中，是发自内心地遵从。在敲门通报时，如果主人询问来者何人，切不可用人称代词来回答，而是要报上姓名。这样便可避免出现错乱。

在《谨篇》的最后，《弟子规》又教育孩子们如何与朋友交往。用别

人的东西前一定要先通知主人，否则无异于偷。我读初中时，课本中有一篇鲁迅先生写的《孔乙己》。孔乙己是一个酸腐的读书人，穷困潦倒，他偷书被抓后觉得颜面扫地，就辩解说："偷书不叫'偷'，叫'窃'。"这个故事发生在民国，无论怎么说，古往今来，"偷"在国人眼中都不是个好词。偷窃的行为不仅使自己蒙羞，也会连累父母，使父母受别人的耻笑和侮辱。中国人认为"百善孝为先"，孝之大莫过于使父母受人尊重。《弟子规》中将不事先向主人询问就动人物品的行为定义为"偷"，说得如此严重，意在警示青少年不要做出有辱父母的事情，令家族蒙羞。同时还指出，借别人物品要及时奉还，不可拖沓，更不可损坏。这是做人的基本原则。

综上所述，《谨篇》虽内容琐碎，但是它的中心思想只有一个：告诫孩子们"礼"是由心而发的，只有将做人的原则融入日常生活中，才称得上一名谨言慎行的君子。

第二节
衣冠茶礼

　　《礼记》中讲"黄帝垂衣裳而天下治"。衣着服饰代表了一个民族的特征、喜好及文化。我们的民族被称为汉族，我们的语言被称为汉语，我们的文字被称为汉字，我们的民族服装也有一个特有的名字：汉服。所以汉服不是指汉代特有的服装，而是汉族人的传统服饰。汉族人的传统服饰历朝历代都有变化，有两首分别写男士汉服和女士汉服发展变化的口诀。男士汉服的口诀是这样写的："衣裳一体男儿装，交领圆领两式样。中衣交领露衽边，内外两重好品相。领袖缘边异衣身，袖摆覆手松而长。出手回肘是正体，平民也有短衣裳。隐扣系带正衣冠，裤脚套袜靴中藏。"女士汉服的口诀："上衣下裙美娇娘，深衣裁作半衣裳。衣裾长短朝朝变，轻襦罗裙从未亡。交领对襟作外衣，比甲褙子竞时尚。裙带更显婀娜腰，袖覆玉手映红妆。"这两条口诀让我们认识到中华传统服饰样式繁多、形制各异的特点。虽然各朝各代的汉服都不相同，但是它们拥有五个共同的特点。

一、交领右衽

　　所谓"衽"就是衣服的前幅。我们汉族人的"右衽"就是穿衣服时，以右边为前幅，先系带，再左压右，使交领成为Y字形。这种领子的形式自先秦时代起就成为汉民族服饰的标识。春秋时期的孔子曾赞美齐国的管

仲"管子相齐，九合诸侯，一匡天下，民至今受其赐。微管仲，吾其披发左衽矣。"从这段话中我们可以知道，东周汉民族与少数民族的一大区别就是汉族服饰是右衽，而少数民族是左衽。这大概是因为汉民族自古崇尚礼仪，我们的左手没有缚鸡之力，拿枪的一般都是右手。所以左手代表和平，右手代表戾气。左压右代表着和平化解戾气。因此这也是为什么茶道师礼仪中要求茶道师左手压右手，这个手势象征了茶人平和。

🔘 二、上衣下裳

正如本节开篇中所言，《礼记》中有"黄帝垂衣裳，而天下治"之记载。上古部族的人民，在黄帝的引导下，学会了穿衣服，从此具有羞耻之心。所以在汉民族看来，衣裳不仅是抵寒保暖之物，更代表了一个民族的荣辱之心。我们称盖住上身的衣物为衣，遮住下半身的衣物为裳。因此衣裳的定

义就是上衣下裳。不管是儒家的深衣,还是君王的冕服;不管是男士的直裰,还是女士的袄裙;不管是唐朝的高腰,还是宋朝的比甲,它们都属于汉服衣裳制的范畴,所以衣裳制是我中华民族服装的共同特点。

三、宽袍大袖

中华民族自周朝以来推崇"以德治国,以礼治民"。因此我们的服装讲究宽袍大袖。虽然穿着不甚方便,但是它可以让人与人之间保持一种安全距离,从而形成一种礼仪规范。在"儒学十三章经"之首的《孝经·开宗明义》篇中说道:"身体发肤,受之父母,不敢毁伤。"由此可见,古人对待自己的身体是非常在意的。身体的每个部分都是父母生命的延续。因此要用宽大的衣服将其遮盖,不可轻易示人。宽衣大袖的另一个作用是为了让人们通过穿着这样的衣服,使动作变舒缓,从而养成稳重端庄的态度。

四、系带暗扣

汉民族很少用扣子,我们的服饰基本上是系带子。即便有扣,也是暗扣。这是因为古人认为,衣服也是身体的一部分。我们穿衣是为了明志,是让自己从身体到思想都有礼节作为约束,因此衣服应该是浑然一体的。所以古人发挥他们的聪明智慧,创造了系带暗扣。可能有人会问,为什

么我们中国传统服饰中没有扣子？其实根据史料记载，早在周朝，周朝贵族就用动物的骨头制成扣子使用。但是为什么没有推广开来呢？这是由于汉民族推崇自然和谐。华夏子民认为，作为人类，我们没有权利剥夺另一种动物的生命。如果要运用纽扣，就要猎杀大量动物，取其骨骼，如此一来就会破坏生态平衡。因此，汉服的系带暗扣也体现了中华民族的人文情怀。

五、飘逸潇洒

汉服的飘逸潇洒是相比较韩服和和服而言的。很多人会将汉服错认为和服或者韩服。其实它们的差别就在于汉服是宽袍大袖。这里，我们先比较一下和服与汉服的区别。为了更好地做比较，我们选取了汉服深衣制中的"曲裾"与和服相比照。由于两个民族的文化背景不同，所以从外形上看，汉服宽袍大袖，而和服是窄衣小袖。汉服的领子直接贴在脖子上面，而穿着和服，领子和脖子是不帖服的。汉服的腰带相对和服来讲比较窄，宽度在肋骨和胯骨之间，而和服的束腰是自胸线以下至胯骨。最后，汉服的下摆相对来说比较宽大，而和服是仅仅将双腿包裹住。其次，我们再看看韩服与汉服的区别。将汉服的"深衣曲裾"与韩服做比较，我们能发现，曲裾的上衣、下摆宽大较长，有束腰；而韩服的上衣窄小，高至胸线。同时汉服的上衣衣袖宽大，可以做到出袖入肘，而韩服的上衣比较狭小，穿上之后略显局促。

从上述来看，汉服的款式历朝历代都各具特色，那么在众多的传统服饰中我们为什么选择深衣作为茶服呢？这是因为深衣是古代儒生的标准服饰，它的设计蕴含了"天地人和"的君子之道。《礼记·深衣篇》只有短短200多字："古者深衣，盖有制度，以应规矩绳权衡。短毋见肤，长毋被土。续衽钩边，要缝半下。袼之高下，可以运肘；袂之长短，反诎之及肘。带，下毋厌髀，上毋厌胁，当无骨者。制十有二幅，以应十有二月；袂圆

以应规；曲裌如矩以应方；负绳及踝以应直；下齐如权衡以应平。故规者，行举手以为容；负绳抱方者，以直其政，方其义也。故《易》曰：'坤，六二之动，直以方也。'下齐如权衡者，以安志而平心也。五法已施，故圣人服之。故规矩取其无私，绳取其直，权衡取其平，故先王贵之。故可以为文，可以为武，可以摈相，可以治军旅，完且弗费，善衣之次也。具父母、大父母，衣纯以缋；具父母，衣纯以青。如孤子，衣纯以素。纯袂、缘、纯边，广各寸半。"

从这段话中我们知道深衣的穿着是有讲究的：古时候的深衣，有一定的样式尺度，以应合规、矩、绳、权、衡五法。深衣的长短有一定规制，短不要在足踝以上，长亦不可拖到地面。裳（也就是类似于现在的一片裙，

现代社会只有女性可着裙，但古代男女都要着裳）的两旁有宽大的余幅，穿着时前后交叠起来。腰身的宽度，等于裳下缉的一半；袖子与上衣在腋下联合处的高低，依照可以使手肘运转自如为原则；袖子的长度，除了手长，其余部分曲皱回来，应该到手肘，这就是所谓的袖子的总长度是小臂长度的三倍。腰间的束带宽窄也有要求，下面不要盖到胯骨，上面不要盖到肋骨，应系在腹部没有骨头的地方。

深衣裁制的方式：衣服共享布十二幅，以象征一年有十二个月；圆形的袖子象征圆规；包围着脖子的领，像划方的矩，以象征方正；背缝长达脚后跟，以象征直道；裳的下缉像秤或秤锤，以象征公平。我们穿衣要背负着绳，怀抱着矩，是为了使政治不偏，义理不变。所以《易经》说："坤卦六二爻的动态，广生万物，直而且方。"裳的下缉像秤及秤锤，是为了安定志向而平衡心情。规、矩、绳、权、衡五法都已经加在深衣上，权及衡是取平稳的意思，所以先王很看重深衣。深衣，做摈相时可以穿，带兵的时候可以穿，样式完备，而且质素易成，是朝服、祭服以外最好的衣服了。

父母亲及祖父母健在的人，所穿的深衣以花纹来缝边；只有父母亲健在的人，所穿的深衣以青色作为缝边色；未满三十岁而父亲已去世的人，所穿的深衣以白色作为缝边色，袖口、裳下缉及裳边的缝边，都是半寸宽。

综上所述，选取深衣作为茶服，上可传承先贤之礼，下可延续中华之风。同时，茶人在行茶时着汉服，还可培养其悠然泰若的气质，发扬我中华民族以礼待人之精神。

第三节
茶礼十则

家长经常教育我们要站如松，坐如钟，行如风，卧如弓。这样做的好处不仅可以使我们举止、仪表庄严稳重，而且还有利于身体骨骼的发育。作为小茶人我们除了做到上述四点外，从泡茶品茶的过程中还能怎样体现出茶人之礼呢？下面我就为大家介绍茶礼十则。

中华民族知礼、习礼的习俗传承了几千年。《孟子》中讲："辞让之心，礼之端也。"谦卑礼让，是华夏民族的优良传统。时至今日，这种传统美德已如涓涓细流深深地注入人们的心田，滋润着人们的日常生活。关于这一点，从国人的日常泡茶、喝茶的行为习惯中就可窥见一斑。或者说，中国茶道的规则、方法承载着流传百世的礼文化。中国疆域广阔，民族众多，关于茶道礼节，各个地区因地制宜，不尽相同。但通过茶道体现谦卑礼让之心却是相同。为了方便记忆，我们将这种能体现茶人谦让之心的茶礼编成了三字诀：

①步行健，稳且直。轻似风，盈且实。

②站如柏，立若松。脊柱直，背不弓。

③坐端正，后不靠。两股平，且垂直。

④行茶前，先行礼。真行草，各守矩。

⑤置茶器，因顺手。上尊礼，下衬茶。

⑥泡茶时，误轻言。面平和，笑入眼。

⑦欲斟茶，分主次。低斟茶，切勿满。

⑧奉茶时，用双手。举过眉，低颔首。

⑨举杯时，三指夹。分三品，香留颊。

⑩一奉茶，双手接。再斟茶，扣两指，三巡后，扣杯止。

第一：走姿

作为一名茶人，走路的姿势非常重要。它体现了茶人的精气神，《弟子规》中也规定了少年儿童走路时要端正平稳。我们要求茶人走路时应："步行健，稳且直。轻似风，盈且实。"即挺胸收腹，微收下颌，双眼平视，脊柱挺直；脚下步履轻盈，似春风吹过。因为喝茶有提神醒脑、排汗排毒之功效，常年饮茶者精神矍铄、器宇轩昂，一定不会精神萎靡、步履沉重。这种"行如风"之感，是常年品茶的最好证明。走路时应注意要脚掌的二分之一先着地，再落下脚跟，每一步迈出都要矫健沉稳，如树木深根扎地一般。徐徐前行时，要稳重端庄，不可脚步虚浮，亦不可拖沓。

第二：站姿

茶人的站礼，要求直立不屈、昂首挺胸，给人以顶天立地之感。正如"站如柏，立若松。脊柱直，背不弓。"这样站立的方式，对于任何人来讲都可使脊柱得到伸展，同时，昂首挺胸的站姿使肺部得到舒张，有利于呼吸。上述站姿特别适合茶人在着深衣时运用。由于汉服宽袍大袖，为不使袍袖拖地，茶人应双手放置于丹田前一拳的位置，左手搭右手隐与两袖中，并使长袖自然垂直于地面。这样的站法要求自古有之，在儿童开蒙读物《弟子规》的《谨篇》中就进行了具体要求，这也是古人对君子的站姿要求，这里不作赘述。

第三：坐姿

坐姿端正，是每位受过小学教育的孩子都被老师要求过的。我依稀记得，我上小学时曾经问过老师："我们为什么要手背后，坐椅子二分之一处，且要挺直上身？靠在椅子背上不是很舒服吗？"老师摸摸我的头笑着回答说："人坐得正，写字才正，心才能放端正。"为了正心诚意地去泡茶，我们要求茶人："坐端正，后不靠。两股平，且垂直。"股是指大腿，也就是说，坐的时候两条大腿不可交叠，要与地面平行。两条腿像两个树根一样深深地植入地面。收腹挺胸，脊柱与椅面呈90°。古人认为，从一个人的坐姿便可窥探其内心。我在学习花道课程时，老师也曾讲，以花悟道者，应坐姿端正，雍容如牡丹，高贵如青荷。

第四：行礼

坐平稳后，就是泡茶前的行礼了。行礼是体现茶人礼让的第一步。在茶道中，我们的坐姿行礼方式有三种。分别是真礼、行礼、草礼。"真礼"的行礼方式是先深吸一口气，低头时慢慢吐气，同时放在桌子上的左右两手，全掌压在桌面上，双手食指和中指两两相对呈45°。一口气吐完后直立上身，行礼完毕。这种"真礼"，是在重大场合或给长辈泡茶时行的，体现了对他人深深的敬重；行礼的方式是挺直上身，深吸一口气，缓缓吐气时，以腰为轴，弯下身体，左右手前半掌压在桌面，并将左手掌压于右手背上。吐完气直立上身，礼毕。这种行礼方式适合日常泡茶或给平辈泡茶时运用。左手压右手的方式体现了茶人热爱和平、以茶和天下之心。"草礼"的操作如下："双手指尖轻点桌面，挺直上身，头部轻点一下，双眼落于前方45°位置。"这样的行礼方式，适用于户外泡茶时，泡茶桌与大腿平行或空间狭小时身体不能充分伸展的时候，平时不常运用。

第五：茶席布置

近年来，很多爱茶之士致力于茶席布置设计。这些茶席或是清雅飘逸，或是雍容华丽，或是中规中矩，或是豪放不羁。于是，就有很多同学问我，茶席布置的规矩到底是什么？我们抛开那些充满艺术性的设计不说，其实茶席布置的规则很简单，即"置茶器，因顺手。上尊礼，下衬茶。"茗儒学派的黄金四大法则规定：第一，在泡茶时，手势不可交叉，也就是左手的东西左手拿，右手的东西右手拿。出于一般人右手会比较有力量的考虑，我们将较轻的茶仓、冲茶四宝、赏茶盘放在左手，将较重的热水壶、废水盂放在右手。第二，至于主茶席上品茗杯和闻香杯的置放，则遵循"前低后高"原则。公道杯、泡茶器，一般放在中部偏右的位置，这样方便右手取放。第三，应注意泡茶时，所有物品的开口不能朝向客人，亦不能朝向自己。第四，至于选用什么样的器皿泡茶，则要根据茶叶品种的不同来选择不同材质和容量的器皿，这就是"上尊礼，下衬茶"之法则。

第六：泡茶态度

在我们学习泡茶的过程中，大家会惊奇地发现，由于泡茶人所怀心情不同，即便是同样的茶、同样的水、同样的器皿，泡出的茶的味道也是大相径庭。由此可见，泡茶的态度决定了茶汤的味道。在这里我们要求泡茶人："泡茶时，误轻言。面平和，笑入眼。"为什么泡茶时不可随意言语呢？第一是因为一个人在说话时会泄气，如果一边泡茶一边聊天就会造成茶汤气韵不足；第二是因为人在兴奋时说话不免会口沫横飞，如果落到杯子中就不太卫生了。因此，泡茶时应尽量保持安静。既然泡茶时泡茶人要尽量避免与品茶人有语言上的交流，那么我们怎么做到"对品得趣，众品得慧"？这个时候就要用到"心灵之窗"的眼睛。无论是东方古老的哲学，还是西方先进的心理学，都认为通过观察一个人的眼睛和眼神就可探知其内心。为了展示泡茶人的谦卑礼让之心，我们对泡茶人在泡茶时的面部表情及眼神也做出了要求。在泡茶人看来，为宾客泡茶是无比荣耀的事情，因此，泡茶时的笑容应是发自内心的。为了将这种真诚的微笑长久地留在脸上，我们可以"微收下颌，舌抵上膛"，这样，嘴角自然会呈现一种令人愉悦的弧度。同时，目光微收。泡茶时，目光专注于茶品之上。敬茶时，目光放在品茶人脸部的正三角区，这样的眼神看上去既专注又平和，虽无语言交流，却充分表达了泡茶人的礼让谦和之心。

第七：斟茶顺序

我们在参加会议和宴会时，座位分主次，在参加茶会时的座位和斟茶顺序，也是有主次之分的。那么应该依据什么原则划分呢？由于中西方文化风俗不同，这个问题一直困扰着中外爱茶人。值得庆幸的是，位列五经之首的《礼记》为我们中国茶人指出了方向。《礼记·曲礼篇》中记载："席，南乡北乡，以西方为上；东乡西乡，以南方位上。"因此，在茶席位列上，若为南北向茶席，北部位置是主人位，主人的右手边也就是茶席的西向为主宾位，逆时针依次排列；若为东西向茶席，主人位在西向，主人的右手边也就是南向为主宾位，逆时针顺式排列。茶席座次及斟茶顺序，都按如此。这恰符"黄金四法则"中"无交叉原则"的"逆时针为上原则"，这种说

法也体现了泡茶人对宾客的尊重。至于斟茶时应斟多少，按照民间的"茶七酒八"的风俗，给人倒茶只倒七分满，因为茶汤一般是很烫的，如果将茶杯斟满，客人持杯时容易茶汤外溢造成烫伤。如果只倒七分满就会方便品茶人持杯，这也应呼了"黄金四法则"中的"利他原则"。"斟茶只斟七分满"是孔门儒学"己所不欲，勿施于人"的具象化表现。

第八：奉茶

"奉茶时，用双手。举过眉，低颔首。"人的眉毛是脸部最高的地方，它代表了一个人的全部骄傲与荣耀。奉茶时，用双手捧杯高举过眉，代表了泡茶人对品茶人的谦让与敬意。再将茶杯收于胸前，随即奉上代表着泡茶人的拳拳爱茶之心。在奉茶时依据《弟子规》"揖身圆"的要求，双手环抱成圆，以腰为轴，低压脊柱，下颔微收，将茶放在品茶人面前。这样的敬茶动作成为中国茶人茶礼的标志。我曾经带学生与多国茶友进行表演交流，在语言不通的情况下，我们中国茶人就是用这样的奉茶动作拉近了与世界各国爱茶之人的心灵距离。这样的动作也使各国爱茶之人深切感受到中国茶文化中"礼"的含义。

第九：品茶

我们之所以认为品茶能入道，是因为我们在细细品味茶汤、啜苦咽甘的过程中，体悟了人生。在品茶人中间，流行着这样的说法：品茶有三种境界，第一层境界是以茶解渴，关于这一点自然不用多说。第二层境界是品茶解韵，所有的茶都有其独特的茶韵，这种韵是身体给我们的直接感觉。茶汤入口，甘洌甜美，使口内清爽生津。茶汤咽下汤汁厚滑，茶汤落肚，胃部温热，回甘迅速，唇齿留香，这一过程被称为茶韵。第三层境界是品茶养气，这里的气，是指茶气。它是茶汤带给身体的深层次享受，品茶者在保持内心绝对平静的情况下，才会感觉到这股充满能量的茶气。在茶汤咽下后，全身经络微微发胀，每个毛孔都微微张开，汗水在其中蕴而不发。这时，心中腾起一股浩然正气。很多老茶客在品茶时以寻找这种茶气为终极目标。品茶时大家心照不宣地将茶汤分三口咽下，即暗喻品茶时的三种境界；在持杯时，用中指、拇指及食指夹住茶杯，无名指和小拇指托住茶

碗，意为三龙护鼎。这样持碗的方式可使品茶人拿稳茶杯，不使茶汤洒落，以示庄重。这正是："举杯时，三指夹。分三品，香留颊。"

第十：接茶

中国茶道礼仪除了对泡茶人的行为做出了要求，对品茶人的行为亦做出了指导："一奉茶，双手接。再斟茶，扣两指，三巡后，扣杯止。"在泡茶人首次奉茶时，要求品茶人用双手接杯以示尊重；对方站立奉茶，我们就站立接茶，对方端坐奉茶，我们也可坐接茶杯。在泡茶人第二次斟茶时，我们不便站立，就用食指和中指轻敲桌面两下，以示感谢。茶过三巡，当我们表示不需要再请主人斟茶时就将茶碗倒置，扣在桌子上以示谢茶。

"茶礼十则"是千百年来茶文化发源国中华民族智慧的结晶。它在指导茶人行为规范的同时，也体现了中国博大精深的礼文化，是我们每一位茶人都应遵循的行为规范。

第四节
成人礼茶道

　　《礼记》中云："凡人之所以为人者，礼义也。礼义之始，在于正容体、齐颜色、顺辞令。容体正、颜色齐、辞令顺而后礼义备，以正君臣、亲父子、和长幼，君臣正、父子亲、长幼和而后礼义立。故冠而后服备，服备而后容体正、颜色齐、辞令顺。故曰：冠者礼之始也……"古人认为，人之所以成为人，因为有礼义作为规范。礼义的开始，在于使举动规矩，使态度端正，使言谈恭顺。举动合于规矩，态度端庄，说话恭顺，然后礼义才算齐备。用这些条件使君臣各安其位，使父子相亲，使长幼和睦。君臣各安其位，父子相亲，长幼和睦，然后礼义的基础才算建立好。所以人到二十岁，戴上成人的帽子，然后服装才算完备；服装完备了，然后能够举止动作合乎规矩，态度端庄，言语恭顺。所以说：冠礼是成人之礼的开始。"男子二十而冠，女子十五而笄"就是古代的成人礼。我们将其编成茶道，让同学们在体验成人礼的同时，通过向长辈献茶这一茶道过程完成身心灵的成长。

1. 备具

　　玻璃风炉组一套、赏茶盘一只、茶仓一只、茶道组一套、废水盂一只、茶漏组一套、玻璃公道杯一只、品茗杯一只、祥陶煮茶器一套、废水盂一只、茶仓一只、茶道组一套、赏茶盘一只、茶漏组一套、玻璃公道杯一只、品茗杯四只、茶盘两枚。

2. 正文与流程

旁白：根据《礼记》记载，男子二十岁称"弱冠"，应行三家冠礼；女子十五岁，行笄礼，即成人。男女行成人礼后，便是有社会担当的人，可循儒家八格之分，即"格物致知，正心诚意，修身、齐家、治国、平天下。"我们今天这套茶道，就是遵循儒家八目设计而成。在成人礼礼成之后，由参礼者亲手奉茶于长辈以示礼成。行礼者将奉上三道茶，以示人生三昧，即正心、正位、正道。

第一步：格物——布席及介绍茶具

所谓格物，是指人在少年时，应进行有条理的系统学习，探究事物的道理。我们这一步，是泡茶前的布席及介绍茶具。古人云：器为茶之父。冲泡一杯美味的茗茶，合适的器皿是不可或缺的。茶仓用于盛放干茶；冲茶四宝用于取茶、拨茶及夹取品茗杯；赏茶盘用于欣赏干茶色泽，品茗杯用来欣赏及品饮茶汤；公道杯用来均匀茶汤；茶漏用来过滤茶渣，使茶变得更加清净；煮茶器用来烹煮茗茶；废水盂用来盛放废水。我们通过将各种茶器安置在合适的位置来告诫自己：人在少年时应努力学习，将学来的知识系统化、规律化。

第二步：致知——取茶及赏茶

所谓致知就是学以致用，通过学习茶道，我们有了分辨茶叶品质的能

力。今天我们的两位茶艺师分别为大家精心挑选了白菊及陈年普洱。

白菊清肝明目，清新淡雅象征着高风亮节；陈年普洱，甘甜厚滑，色如血珀，成熟稳重。今天，我们将用傲雪之菊配清新之茶，以祭人生三昧。

第三步：正心——煮水

"大学之道，在明明德，在亲民，在止于至善。"《大学》中的开篇，就为我们读书人指出：大学者，首当明德。所谓明德，即正心。古往今来，欲正心者，必先经锤炼。我们这一步是烹制山泉水。古诗云："千锤万凿出深山，烈火焚烧若等闲。粉身碎骨浑不怕，要留清白在人间。"接受成人礼后的男女，即是成人。他们从此将肩负起家、国、天下的责任，将接受生活的锤炼。就像这滚滚焚开的山泉水，只有经过烈火的洗礼，才能升华为滋润人心的甘露。

第四步：诚意——洁具

所谓诚意，便是谦让之心。我们在各位宾客面前，用涓涓

细流冲洗本已洁净的茶具。除起到温杯烫盏的作用外，还意在将内心洗净，不使其蒙尘。

第五步：修身——投茶

所谓修身者，即通过工作、学习，使自身变强大，成为对社会有所贡献、受他人尊敬的人。将菊花轻轻拨入玻璃提梁壶中，看着菊花在山泉水中优雅地翻转，散发芬芳。这是在告诉我们：人生如菊，不可有傲气，但不可无傲骨；将陈年普洱置于陶壶中煎烤，烈火使陈年普洱的味道变得更加醇厚浓甜，这亦是在告诉我们心灵的强大是由身心的历练而成就的。

第六步：齐家——煮茶

所谓齐家，就是作为一个成年人，通过自己一己之力团结家中的每位成员，从而和谐社会。这一步是煮茶，我们将烧开的山泉水徐徐注入陶壶中，这是茶与水相交融的时刻。水，唤醒了茶的灵性；茶，增添了水的浓厚。看着壶中愈煮愈浓的茶汤，我们体悟到孟子那句"人人皆可为尧、舜"的含义。

第七步：治国——出茶和分茶

《论语》中讲："治国之道，不患寡而患不均。"我们将煮好的茶汤和菊花甘露分别注入公道杯中，并平均斟入每只品茗杯中，以示茶人平等之心。《史记》中曾有《陈平分肉》之典故，说陈平为家乡父老分肉可以做到人人平等。有人夸赞他做事公道，他笑答："若让我替君王治理天下，我也会像分肉一般均匀公道。"茶人通过分茶的步骤能够感悟自己的公义之心。

第八步：平天下——奉茶

所谓平天下，便是使天下太平。参加成人礼的男女茶人将自己泡好的茶奉献给师长，一献菊花甘露，意在表明我辈将效仿傲雪凌霜的秋菊，"宁可枝头抱香死，不曾吹坠北风中。"二献陈年普洱，意在表明我辈将以"温""良""恭""俭""让"之德操，担负起平天下之责。第三杯献上菊普茶，谦谦君子，文质彬彬。将菊花甘露与陈年普洱调配在一起，意在表明受过成人礼后，我们便会成为懂得成仁取义的国家栋梁。

茗儒茶道与国学经典

MINGRUCHADAO YU GUOXUEJINGDIAN

第四篇

·智·

第一节
儒家的智慧

一、曾子的智慧

在 "仁" "义" 两篇中我分别介绍了至圣先师——孔子和亚圣——孟子。通过研究他们的生平、著作，我们了解了儒家的思想精髓。两位圣人的言论像启明星一样照亮了我们未来的学习、生活和人生轨迹。很多人告诉我，研读儒学可以开启智慧。自少年时起，在我心中就有这样一个疑问：什么是智慧？它和聪明一样吗？长大后当我认真地学习中国传统文化、儒家经典后，我发现智慧和聪明是有本质区别的。耳聪目明视为聪明，而智慧是指有辨别是非的能力。因此，我们可以夸奖一个小孩子聪明，却不能随便赞美他有智慧。换句话说，聪明可以是天生的，而智慧是要通过后天不断努力学习才能修来的。今天我要向大家介绍一位虽被孔子评价为鲁钝，却被后世儒生称赞有大智慧的儒门名士——曾子。

公元前 505 年，即鲁定公五年，晚秋十月。在鲁国的南武城（今山东省嘉祥县），随着一声嘹亮的啼哭声，一名健康的男婴呱呱坠地。这个男婴就是日后大名鼎鼎的儒家宗圣——曾子。曾子名参，他是儒学创始人孔子的学生，同时又是孔子之孙孔伋的老师。相传自颜回过世后，曾子的大贤大德赢得了孔子的赏识。孔子不仅将"孔门十三章经"之首的《孝经》传给他，又在临终前将自己的孙子孔伋托付给曾子。可见曾子在孔门中的地位是何等重要，他起到了承前启后的作用，所以被后世儒生尊为"宗圣"。曾参 12 岁开蒙读书，他的第一任老师是自己的父亲曾点（字皙）。曾点也是孔子的学生，是孔门七十二贤人之一。他既是一名有才华的儒生，有理想、有远见，且能脚踏实地，又是一名严格的父亲，为儿时的曾参树立了好的榜样。少年时的曾参在其父的影响下，努力治学、孜孜不倦。在14岁时，便写出名篇——《梁山之歌》。可见父母的言传身教可以影响孩子的一生：再愚钝的孩子，如果家长从小悉心教导，培养其良好的生活习惯，为其树立正确的人生观，那么这个孩子就会茁壮成长。长大后，同样可以在事业上做出一番成就，成为受别人尊敬的人。

公元前490年，即鲁哀公五年。作为一名父亲，曾点认为，自己的学识已不足以教导曾参，于是便命16岁的曾参拜入孔门，到楚国去追随孔子继续学习。经过十几年的不断学习，曾子成为最受孔子赏识的学生之一。作为孔门儒生，他准确地用"忠""恕"二字来概括老师的一生。同时也将这两个字作为自己人生奋斗的座右铭。我们在《论语·学而篇》中可以看到曾子那句著名的关于"忠""恕"的言论："吾日三省吾身。为人谋而不忠乎？与朋友交而不信乎？传不习乎？"这句话的意思是：我们每天要进行自我反省，为别人做事的时候是不是尽心竭力了，与朋友交往时是否做到言而有信，学到的知识是否身体力行，付诸实践了。从这段文字中我们也可看出：生性并不聪慧的曾子经过十几年的学习后，他的内心已经萌生出了大智慧。这种智慧在现在看来是一把可以开启人生幸福之门的钥匙。我们有理由相信，依靠这种智慧，即使生活窘困到敝衣而耕、常日不举火的境地，曾子的内心依然会富足而喜悦。

公元前479年，即鲁哀公十六年，孔子卒。他在临终前，将自己的孙子孔伋（字子思）托付给了当时只有27岁的曾子。也许曾子不是孔子三千弟子中最聪明的，也不是年纪最长的，但孔子临终前却将家人托付给他，这是对其人性的最大认可。当然，忠厚的曾子也没有辜负老师的期望，子思在其悉心教育下终成一代儒学名师，将孔子的思想薪火相传。从这一点看来，曾子的一生是完美的、成功的，更是充满智慧的。他无愧于被后世尊称为儒学大家。

二、《大学》的智慧

　　孔子因感其孝道，将《孝经》传于曾子，曾子终身致力于《孝经》的研究与传播。相传，四书之首的《大学》是曾子所编，不管传闻是否可信，大家都认为《大学》为曾子著。这是因为这本书中所有言论都是基于孝道，作为至孝至善之人，曾子编出《大学》这样的书籍也是合情合理的。在这里我只想说：《大学》作为"大人之学"，重点在于这是一本能够开启少年朋友们智慧的书。在我的学生时代，思想品德老师曾经问过这样一个问题："你为什么而读书？"（记得）当时的回答五花八门，看着这个功利的社会，少时的我充满困惑：读书究竟为什么？当我读到《大学》这本书时，心中就像吹进了一股清风，将困惑一扫而净。曾子的《大学》分"经""传"两部分，"经"的内容主要是曾子对于孔子思想精髓的阐述；"传"则是曾子的弟子对曾子思想精髓的记录，后由程颐、程颢两位学者整理加工，受到南宋大儒朱熹的认可并加以弘扬，便成了我们今天所看到的《大学》一书。

　　《大学》的主要内容就是"三纲""八目"。"三纲"即"明德""亲民""止于至善"，"八目"是"格物""致知""诚意""正心""修身""齐家""治国""平天下"。它们所阐述的内容主要是道德修养与人和社会的关系。尤其是《大学》中提出：道德修养的好坏决定社会的治乱这一观点，对后世产生了极大的影响。

　　《大学》的总纲，就是开篇被宋儒定为"经"的部分，从"大学之道，在明明德，在亲民，在止于至善"开始，又以"明德"为重中之重。什么是"明德"？朱熹用孟子的性善来解释，认为"明德"是人们与生俱来的善良美德，而要使天下人人都能发扬自己的善良美德，就需要"先治其国。欲治其国者，先齐其家；欲齐其家者，先修其身；欲修其身者，先正其心；欲正其心者，先诚其意；欲诚其意者，先致其知，致知在格物"，由外至内，层层深入。

之所以要如此，是因为"物格而后知致，知致而后意诚，意诚而后心正，心正而后身修，身修而后家齐，家齐而后国治，国治而后天下平。"由内至外，水到渠成。将道德修养的作用内化到了极致。

总纲之后的内容被宋儒们分类整理为十章，这十章被认为是"曾子之意而门人记之"的"传"。十章文字逐一解释"经"提到的内容。朱熹还总结道："前四章统论纲领旨趣，后六章细论条目工夫。其第五章乃明善之要，第六章乃诚身之本。在初学尤为当务之急，读者不可以其近而忽之也。"朱熹对于包括《大学》在内的四书自少至老，用功数十年，他这种认真、专注的学习态度对今人很有启发和示范意义。

《大学》为了帮助大家做到"明德""亲民""至善"，为我们介绍了一种方式：修身。修身是什么？就是提高自己的个人修养。这说起来简单，实施起来却很困难，不知道从何处着手。《大学》又给了我们答案："欲修其身者，先正其心；欲正其心者，先诚其意；欲诚其意者，先致其知，致知在格物。"这句话的意思是：如果一个人想要提高个人修养，首先要端正自己的心态，做人做事要顺应自然发展规律，脚踏实地，不可一蹴而就。西方有一句谚语："罗马不是一日建成的。"意思是：任何人

不可能一夜成功，成功一定是用无数的汗水与艰辛换取的。端正心态的前提是要使自己的意念诚实，也就是说为人不可急功近利。《论语》中有一个小故事，孔子告诫弟子，君子是不会为了自己方便而摒弃大道走捷径的，即"欲正其心者，必先诚其意。"为了达到意念诚实的目标，我们要获取足够的知识并将它们运用到实际生活当中去。记得我在上大学时，老师告诉我："在大学学习，我们不是拿着一个袋子来装知识，而是要像寻宝者那样，去寻找开启智慧的钥匙。"这也正像古人所说："授之以鱼不如授之以渔。"要想诚意正心，就要先培养自己学习的能力。那么，学习的能力又是如何培养的呢？"致知在格物"，格物就是系统地学习知识并且深入研究它。通过这样的剖析，我相信青年朋友对于"为什么学习，应怎样学习"会有更深的认识。

儒学自孔子创立起，时至今日已经传承了两千五百多年。古往今来，莘莘学子不断地从儒学经典中汲取能量，在充实自我的同时亦能成就他人，即在修身后要做到齐家、治国、平天下。它们分别有各自的含义：齐家是指家庭和睦，这里就涉及君臣义、父子亲、兄弟睦、夫妇顺、朋友信的人伦五常。我们前面介绍的，无论是《弟子规》《孝经》，抑或是《三字经》，都是围绕着孝、仁、悌、友、忠而言的。这其中，又以强调父子、兄弟、夫妻关系为第一要素。这是由于儒学认为，一个人连对身边的人都不能做到孝悌、友爱，必然也不会对其他人忠义仁慈。"治国"的书面意思是将国家治理得井井有条。春秋时期，群雄逐鹿中原，周朝被各个诸侯国瓜分得七零八落，儒生们心系国家安危，都希望自己的政见可以得到君王的赏识，从而使君王施行仁政，使百姓们安居乐业，免遭战争屠戮。因此古代的治国在于定国安邦、辅君佑民。而在当今的中国，我们已经实现了"大一统"，因此"治国"对现今国人而言就是做好自己的本职工作，在自己的岗位上兢兢业业，实现自身价值以报效祖国。"平天下"就是使天下太平。虽然这个词看起来有点大，但其实我们每个人每天都做着平天下的事情。这里的"平"是平和的意思。林语堂先生曾在其小说《京华烟云》中写过这样两句话："天平地平，人心不平。人心若平，天下太平。"
所以对我们普通人来说，如果能通过自己的一言一行使他人感到温暖，
平复他人的情绪，就算是做到了"平天下"。

　　"格物""致知""诚意""正心""修身""齐家""治国""平天下"
被称为"儒家八目"。这不仅是谦谦君子修炼自我的八个层次，也是开启
普通人智慧的金钥匙，它能够为我们未来前行的道路指明方向。

三、《中庸》的智慧

　　"中庸"二字出自《论语·雍也》，是孔子理想的道德最高境界。在
本书的第一章中我们介绍了孔子的生平，实际上孔子一生并未将其开创的
儒学思想精髓编著成书。其所著的《春秋》实际上是一本记录历史的书籍，
而《论语》则是一本记录孔子及其弟子言论的语录。孔子辞世后，其弟子
们将孔子宣扬的儒学分成了不同的门派。传至孔伋时，孔伋认为孔门学说
的思想精髓在慢慢流逝，因此他铸就了《中庸》一书。相传《大学》和《孝
经》都是曾子从孔子处继承并撰写的。作为孔子的嫡传孙子和曾子的入室
弟子，子思继承孔门学说的精髓，是实至名归、水到渠成的事情。《中庸》
是一本怎样的书呢？"中庸"之名被郑玄解释为"记中和之用也"。朱熹
则引用"二程"（程颐、程颢）的理念，将"中庸"中的"庸"解释为"用"。
《三字经》中认为"中不偏，庸不易"，也就是说"中庸"中的"中"是"不
偏不倚，无过犹不及之名"。"庸"则是取"平常不变"之意。子思认为"中
者，天下之正道；庸者，天下之定理。"由此可见，《中庸》主要宣扬了
孔子"中庸"的思想。它讲述儒家关于修身、治国、处事等方面的伦理道
德思想，要求人们按照这些道德规范和原则，调节个人的思想和言行，做
到不偏不倚，无过犹不及，这就是孔门的"中庸"之道。如果说曾子的《大
学》是告诉人们如何成为君子的实操手册，那么《中庸》则是指导人们走
向君子之路的精神哲学。

　　《中庸》原本仅一章，朱熹《中庸章句》将之分为三十三章。经过这一分章，可以把孔门的心法条理清晰地展示出来。因此我们认为读懂《中庸》则能了解孔门儒生的精神世界。那么《中庸》的内容与茶道又有什么关系呢？《中庸》在开篇中讲每个人生来的本性都是善良的，将这种善良本性激发出来的修炼方法叫作"道"。茶道就是通过品茶、泡茶，将人性善良的品行激发出来，《中庸》一书强调，君子应时时控制自己的心智，让身心充分平衡，而这也正呼应了茶道中"泡茶者修身养性，品茶者静心养神"的要求。很多同学在最初学习茗儒茶道时经常抱怨中国茶品种太多了，不同的茶要选择不同器皿，用不同的水温冲泡，甚至要根据一年四季时令的变化品饮不同的茶，才能起到健康身心的作用。难道这样变来变去也符合"中不偏，庸不易"的中庸之道吗？如果仅用"不偏不倚不改变"这七个字来理解中庸的话，就未免有些片面。"中"不是不偏不倚的"骑墙派"，而是中正平和。它代表了一种平衡的状态。这种平衡的状态存在于人与万物之间，人与人之间，甚至是人体自身各个器官之间。"庸"虽然字面意思是不变，但是如果我们用辩证唯物主义哲学来分析这个世界的话，世界是物质的，而物质都是运动的，因此世界就是运动的，由此看来，世界上唯一不变的事物就是变化本身。学习如何在变化中达到平衡，就是《中庸》之道。中庸的智慧博大精深，几千年无数文人志士用各种"道"来体悟《中庸》，现在就让我用手中的一杯茶与各位鸿儒在《中庸》之道上开始一段隔空对话。

第二节
识茶的智慧

　　识人需要智慧，识茶亦需要智慧。智慧中的"智"字，上为"知"，下为"曰"，这就是说可以将学到的知识顺畅地表达出来并运用到实践中去，就是智慧的体现。在本节中我们延续《吃茶1》和《吃茶2》中关于茶品的描述，并将这些茶品知识总结成朗朗上口的口诀，希望这些口诀可以帮助同学们认识这些常见茶。

一、绿茶篇

绿茶三绿好品相，春芽肥厚鱼叶长。
夏茶主苦干瘦黄，秋冬不采来年香。
中土产地处处绿，四大产区各不像。
滇贵芽大外形壮，江南六省美名扬。
江北绿茶上市晚，夏中六月尽飘香。
华南产区绿茶少，只因发酵技术强。
绿茶多属芽茶类，冲泡宜使用温汤。
汤鲜味爽荡春波，饮罢唇齿俱留香。

　　上述口诀描述了什么是绿茶。绿茶属于不发酵茶，其发酵程度一般控制在5%之内。因在加工过程中，鲜叶受高温杀青停滞了发酵，所以形成

了绿茶"绿叶绿汤绿底"的三绿特点。绿茶的出产时间以春天出产的芽茶为上，一年至少采两季：春季和夏季。如何辨别春茶和夏茶呢？春季出产的绿茶芽多且芽头肥壮丰腴，这时的芽头上包裹着细密短粗的绒毛。同时经历过冬季的严寒，很多芽头由于气候寒冷没长成型，这些芽叶也随着春芽长在茶树顶端。我们将这些没长成型的叶片称为"鱼片"。很多有经验的茶专家会根据成品茶中是否有"鱼片"断定该茶是否为春季头芽。作为一种植物，茶树一年四季都会冒芽，但与春芽不同的是夏芽因为多雨的原因会比春芽单薄瘦弱。由于气候炎热茶树生长较快，芽叶中富含咖啡因与单宁物质，因此夏天出产的茶芽，口感较苦涩。为了保证来年茶树冒芽时有足够的营养，一般来说，在绿茶产茶区冬茶是不采的，所以在市面上我们很少在冬季品饮到新上市的绿茶。

在中国二十个产茶省中，几乎每个省都产绿茶。西南茶产区中云南和贵州两省所产绿茶芽型粗大，这是由于该地区土壤适合茶树生长，并且这两地所产的绿茶多出自灌木大叶种。西南茶产区中四川绿茶多属灌木小叶种，有芽型精巧、上市早的特点。总的来说，西南茶产区的绿茶清爽，回甘强。比起江南茶产区的绿茶，口感就要强硬的多，冲泡时需要严格控制水温才能泡出此地茶的甜美滑润之感。江南茶产区是绿茶产量最高的地区，它包括湖南全省、湖北南部、江西全省、安徽南部、浙江全省、江苏南部。放眼望去，这些地区名茶辈出：湖北的恩施玉露、安徽的黄山毛峰、江西的婺源茗眉、江苏的碧螺春，以及浙江的西湖龙井。江南茶产区的绿茶以香高、色艳、型美、口感柔滑享誉全世界。华南茶产区包括广西、广东、福建、台湾、海南，在这些地区，半发酵的乌龙茶名气盖过了不发酵的绿茶，因此平时我们在市面上很少看到这些地区出产的绿茶。在发酵技术没有出现之前，这些地区也是绿茶的主产区。最后是江北茶产区，江北茶产区是中国最北部的茶产区，它包括山东南部、江苏北部、河南南部、安徽北部、陕西南部、甘肃南部，以及湖北北部。这些地方的年平均气温比江南、华南及西南茶产区都要低，因此灌木茶生长缓慢。以山东的日照绿茶为例，该地区绿茶于每年的阳历五月才发芽，虽然上市晚，但该地区的茶滋味鲜醇厚重，有颜色深、耐泡、回甘强的特点。

　　总的来说，绿茶属于芽茶类，采摘标准比较高，成品茶中富含大量的叶绿素和维生素 C，因此冲泡绿茶的水温应控制在 75℃～85℃。为了欣赏其三绿特点，建议使用透明度较高的玻璃杯。可以试想一下，无论是在暖风和煦的初春抑或是在烈日炎炎的盛夏，呷一口清新淡雅的绿茶，那种唇齿生津、鲜爽宜人的口感会使品茶人感受到生命的活力与愉悦。

二、红茶篇

绿茶绿，红茶红。

汤似火，叶底彤。

芽色金，成叶棕。

工夫茶，香不同。

川香桔，滇红薯。

冷后浑，属宜红。

湖南红，安化首。

条索紧，滋味重。

祁门红，在安徽。

汤鲜爽，兰味浓。

江浙红，色浅淡。

条索秀，梅香涌。

福建红，品类众。

政和红，花香冲。

白琳雅，坦洋乌。

金骏眉，采得早。

清明前，最为好。

台与琼，大叶红。

汤色艳，玫瑰红。

要茶红，全发酵。

汤厚浓，肠胃通。

　　红茶属于全发酵茶，发酵度可控制在 80% 以上，它的外形特点是红汤红底，干茶的色泽由于采摘标准的不同呈现不同的色泽。一般来说，经过全发酵后茶芽会呈现金色、橙色或橘黄色，叶片则显深棕色、彤红色，甚至乌润的黑褐色。从加工方式上分类，红茶分为小种红茶和工夫红茶，其中小种红茶最早出现，它的出现是人们在制作绿茶的过程中杀青不及时，使鲜叶全发酵而成的。这次误打误撞的无心之举，成就了一种新的茶品，人们发现这种红汤红叶的新茶品口感与绿茶迥然不同，它甜润、温和、厚重。在这种新产品出现之初，由于其干茶色泽乌黑，茶农们称它为"乌茶"，这种名为"乌茶"的新产品迅速得到了欧洲人的青睐。欧洲人发现这种散发着如葡萄酒般迷人色泽的饮料与牛奶相融时，会形成如巧克力浆般的浓厚口感，并使口腔清爽，因此当欧洲人蜂拥到中国"淘金"时，会大量购买这种名为"乌茶"的饮料。"乌茶"中的"乌"在中文中的含义是黑，于是中国人的红茶就被翻译成了"black tea"。由于红茶的售卖换取了大量的外汇，茶农在这其中看到了巨大的利益，于是这种全发酵技术以福建省的武夷山为中心，开始向邻近的各省延伸，并迅速传播至中国各个产茶区。为了提高红茶香气，人们在鲜叶发酵后将其置于锅中翻炒，一则可将茶叶炒软揉搓成漂亮的条形，二则可通过迅速热化，使茶中的芳香物质显露出来，这就形成了中国特有的工夫红茶。在中国，工夫红茶品类繁多且各产茶省的工夫红茶香气各有特点。四川工夫红茶具有清新的橘糖香，云南工夫红茶具有独特的红薯蜜香，湖北工夫红茶又称"宜红"，它内含物质丰富，具有"冷后浑"的特质，也就是在茶汤冷却后内含物的置出会使本来明澈的茶汤变浑浊。安化地区是湖南工夫红茶的主产地之一，该地区红茶茶品体现了湖南工夫红茶特有的条索紧结、回甘力强、滋味浓重的优良品质。提到安徽的工夫红茶，最有名的是"祁门红"，它是世界三大高香红茶之一，其特有的兰花香清新淡雅，使之享有"王子茶"的美誉。江苏浙江一带的红茶具有颜色淡雅、梅香浓重、条形精致的特点。比如近几年比较流行的"宜兴红茶"，以及可与龙井齐名的浙江"九曲红梅"。

作为中国茶叶主要生产地之一的福建省，工夫红茶品类极多，其中政和工夫、白琳工夫、坦洋工夫被称为福建工夫红茶的三大"当家花旦"。其中"政和工夫"具有浓郁的兰花香，清雅悠扬。"白琳工夫"则具有白茶般的甜润淡雅。"坦洋工夫"干茶色泽乌润，味道似草莓干般甜美，并有爽口、回甘力强的特点。福建工夫红茶，除上述三种名品外，还有一款叫"金骏眉"，从名字上就可看出该茶定是条索紧结，形弯如眉。在"金骏眉"出现之前，工夫红茶的制作选料都是采五月五号立夏以后的鲜叶，采摘标准不高，"金骏眉"的出现改变了人们的传统采摘模式，制作此类茶品要精选茶树单芽。正如我们前文所说，茶芽发酵后，颜色呈金黄色，于是"金骏眉"由此得名。它甜美顺滑的口感，使之成为当今最流行的工夫红茶之一。海南工夫红茶和台湾工夫红茶，由于生长环境处于亚热带地区，雨水充沛，气候炎热，因此名为大叶种红茶。它们的汤色红中泛金，散发着玫瑰般的香气，口感浓烈，富有刺激性，与印度的"阿萨姆"红茶十分相像。在我的日常教学中，很多同学会问，红茶和绿茶的本质区别是什么？其实它们最本质的区别是在对鲜叶的处理上。绿茶的三绿形成是在鲜叶采摘后高温杀青，用快速热化的手法阻碍叶子中活性蛋白酶的运动，延缓、甚至中断其氧化。相反，红茶是在鲜叶采摘后任其充分氧化，这时叶片中会浸出一种叫茶红素的物质，这种物质是"染色剂"，它可将茶叶和茶汤染成红色，从而形成了"红汤红底"的外形特征。全发酵的红茶带给我们的不仅是口感上的厚滑甜浓，它的发酵菌还有顺理肠胃、促进小肠绒毛吸收等药效，是一种有益身心的保健饮料。

三、乌龙茶篇

半发酵茶，只数乌龙。

三红七绿，叶绿边红。

三大产地，四品争锋。

凤凰单枞，只产广东。

汤清味雅，唇齿香留。

形似黄鳝，条长色乌。

武夷岩茶，闽北特产。

花名繁杂，品味不同。

清流浇灌，石中立丛。

条紧肥大，花香岩骨。

闽南乌龙，观音独步。

形似半球，兰香隽永。

干茶砂绿，叶底似绸。

台南乌龙，台北包种。

汤色蜜绿，香甜蜜留。

冲泡乌龙，首选陶朱。

软化水质，香留持久。

减脂提神，清心津涌。

乌龙茶属于半发酵茶，发酵度控制在 25% ~ 75%，其特点是绿叶红镶边。关于绿叶红镶边形成的原因非常好解释，乌龙茶制作加工过程中鲜叶萎凋后有一步叫作"做青"，就是通过摩擦生热的原理使鲜叶边缘氧化从而发酵。发酵过程中产生茶红素染红了茶叶边缘，就形成了绿叶红镶边。中国是乌龙茶的家乡，在我国乌龙茶有三大产地，分别是广东省、福建省和台湾省。在这乌龙茶的三大产地中，有四款茗品是我们常见的，它们分别是广东的凤凰单枞、闽北武夷山的岩茶、闽南安溪的铁观音和台湾的乌龙茶。下面我们就分别介绍一下这些茶品。

1. 广东凤凰单枞

该茶产自粤东凤凰山山脉，属于条形乌龙，外形乌润，条索紧结如鳝鱼。由于其生长的特殊地理位置与气候环境，该茶香气高锐，香型繁多。根据香型分类，常见香型有以下九种：黄栀香、杏仁香、芝兰香、肉桂香、蜜兰香、桂花香、玉兰香、姜花香和茉莉香。凤凰单枞除茶香高锐外还有汤汁甜爽、饮后生津、清热祛暑的功效，是乌龙茶中不可多得的佳品。

2. 闽北武夷岩茶

武夷岩茶生长在武夷山自然保护区，整个保护区由 36 座峰、99 座岩构成，同时有三条清溪（崇溪、柏溪、九曲溪）环绕其间。岩茶得名是因为茶树生长在山岩之上，茶树若想根植于这些山岩之上，其茶树根必须穿过岩层才能接触到土壤，因此其树根非常粗壮有力，这也造就了岩茶十分硬朗的口感，我们称这一特点为"岩骨"。由于成品茶经过多重焙火，芳香显露，饮后口腔中有含英咀华之感，因此我们将这种感觉称之为"花香"。喜爱岩茶的茶客们将"岩骨花香"这一特征作为评定岩茶的标准之一。

3. 闽南安溪铁观音

铁观音的原产地是安溪西坪镇，它是半球形乌龙茶的代表。关于其外形的描述有一首歌谣：蜻蜓头，螺旋体，青蛙腿，色泽砂绿红点明。铁观音的制作过程中有一步叫作团揉成型，即在将鲜叶杀青后趁热用纱布裹成

团用力搓揉，反复几次使鲜叶形成半球状。铁观音是一种茶树的名字，这种茶树制成的半发酵茶有高锐的兰花香，且经久耐泡，号称"七泡有余香"。铁观音茶入口清爽甜美、汤汁厚滑，饮罢兰香满口，喜爱铁观音茶的茶客们亲切地将这一系列的感觉称为"观音韵"。铁观音茶以清芬的兰香和隽永的观音韵，受到中外乌龙茶爱好者的追捧。

4. 台湾乌龙

台湾人很有意思，他们以台湾南投县为分界岭，南方出产的半球型半发酵茶被称为乌龙茶，北方出产的条形乌龙茶被称为包种茶，这就是"南乌龙，北包种"的由来。但不管是南方的高山乌龙、北方的包种茶或东方美人茶都有共同的热带蜜果香，且汁浓汤滑，茶汤黄中泛绿，饮后口中蜜感明显。

乌龙茶是一种高香茶，由于条索紧结，一般来讲，冲泡此类茶品时，应将水温控制在95℃以上。为了帮助茶香充分渗透出，所以选择紫砂茶壶①冲泡。紫砂作为一种矿石，既可软化水质又不会掩盖茶香。在昏昏欲睡的下午，品上一杯芳香四溢的乌龙茶既可提神醒脑，又可通过品茶消除体内多余的脂肪，解渴生津，一荡昏寐。

四、白茶篇

闽东白茶，风味独嘉。

宋已有之，美名中华。

共分四类，银针质佳。

春树芽尖，毫密光滑。

一芽一叶，白牡丹茶。

香气高雅，汤厚甜滑。

---

①紫砂茶壶的鼻祖是陶朱公范蠡，所以紫砂壶又名陶朱紫砂壶。

夏采寿眉，有叶少芽。

芽头瘦小，成叶形大。

味有枣香，茶气易发。

陈年白茶，汤厚极佳。

初品香醇，再品汗发。

三年成药，五年宝华。

汤似血珀，香扬优雅。

　　福建的福鼎地区主产白茶，白茶这一茶品的历史已有一千多年，可追溯到北宋。在宋徽宗所著《大观茶论》中，单独用一章来介绍白茶，可见其在当时受重视的程度。白茶属小乔木种，芽叶肥硕，形体较大。根据采摘等级不同，可分成白毫银针、白牡丹、寿眉和贡眉四类。"白毫银针"是精拣早春茶芽精制而成，由于其成品茶表面遍披浓密白毫且条索挺秀如针，故称"白毫银针"。由于该茶由茶芽所制，所以滋味清爽，似有豆香，且毫香明显。所谓"白牡丹"，就是采一芽一叶或一芽两叶精制而成的白茶，其滋味比"白毫银针"更为浓烈甜美。"寿眉茶"则是取立夏后长成的茶叶，由于茶叶中富含单宁及咖啡因等物质，所以经发酵后茶品枣香味明显。白茶在茶山有这样的说法：一年为茶，三年为药，五年为宝。这是因为经过陈放，白茶具有消炎退烧、舒缓神经等药效，这种药效会随着时间的沉淀越来越强。如果说新的白茶滋味清香淡雅，那么经过陈放的白茶则会随着时间的转变自然发酵，干茶色泽越变越深，汤色则由黄绿或金黄转为如血珀般红亮，且药香持久，饮后体感明显，促人发汗。

五、黑茶篇

后发酵茶属黑茶，经年存放发金花。

花发色深汤厚滑，清脂去腻效果佳。

川渝小枞叶细小，汤亮味轻号边茶。

云南自古有普洱，武侯遗种第一家。

鄂南出产老青茶，老叶梗长枝条大。

湘地黑茶品类杂，茯砖花卷千两茶。

广西六堡品味佳，蒸青加工依古法。

黑茶越陈味愈佳，煎煮成汤药香发。

　　黑茶属于不发酵茶，这也就是说该茶品在对鲜叶加工时不进行任何发酵处理，一般来讲这样的茶制成后当年不宜品用，经过多年存放，待茶与氧气充分接触自然发酵后，才适宜品饮。黑茶后发酵的标志之一就是干茶表面发出金花，这种金花是茶品氧化的标志。在古代，黑茶主要销售到边塞地区，这种茶的主要功效是去脂、刮油、解腻，由于边疆地区鲜有蔬菜瓜果出产，边疆人民就靠品饮这些黑茶补充膳食纤维。中国出产黑茶的省份很多，有四川、云南、湖南、湖北和广西。这些产地的黑茶各有特色。四川一带出产的黑茶统称"边销茶"，干茶外形细小，汤色清亮。云南出产的黑茶最有名，叫作"普洱茶"。相传东汉末年，诸葛亮代蜀汉平定云南时教会了云南人民识茶制茶的技术，因此普洱茶也享有"武侯遗种"之美誉。为了纪念诸葛亮对云南普洱茶做出的贡献，云南人民将"南糯山"改名为"孔明山"，云南茶农也供诸葛孔明为当地的茶神。湖北的老青茶选料粗大，具有发花快、滋味粗犷、易于转化的特点，主要边销到内蒙古，适宜熬制奶茶。湖南黑茶品类繁多，以安化为中心采摘灌木型和小乔木型茶树的茶叶为原料，成品茶条形紧锁精巧，汤色橙黄，回甘力强，具有浓烈的松烟香。为了便于运输，人们将成品黑茶压成各种形状，于是便有了茯砖、花卷、千两茶等各种形制。广西"六堡茶"是一种根据古法水蒸气杀青而制成的一种黑茶，茶叶多采自灌木种茶树，外形松散，内置丰富。当地茶农戏称自己的茶有"乞丐的外表，皇帝的内心"。不论是何处出产的黑茶，都具有"越陈越香"的特点，即在后发酵的过程中，茶中溢出多糖与果胶物质，使茶汤变得浓厚香甜，饮后有排毒发汗之功效。

第三节
茶食搭配的智慧

在上文中，我们通过一些口诀了解了各种常见茶类，并学习了如何挑选茶品的方法。经常喝茶的朋友会发现，在品茶过程中食用适当的茶点可以增加茶的风味，并起到养生的作用。我们这一节就跟大家谈谈如何用不同食品搭配各类茗茶，使大家的饮茶生活更为健康。

《黄帝内经》提出了"五谷为养，五果为助，五畜为益，五菜为充，气味合而服之，以补精益气"的膳食配伍原则，同时还告诉人们不可暴饮暴食，避免五味偏嗜。几千年来，这些原则一直作为中华民族膳食结构的指导

思想，为保障全民族的身体健康和繁衍昌盛发挥了重要的作用，这也是我们搭配茶食的原则。根据五行相生相克原理，茶人认为春天宜品饮绿茶，舒肝明目且强壮心脉；初夏宜品饮红茶，滋润心神且温脾养胃；仲夏宜品饮白茶，健脾排湿且安神润肤；秋天宜品饮半发酵的乌龙茶，润肺爽声，乌发靓肤；冬天适宜品饮后发酵的黑茶，发汗排毒，强健骨骼。为了使茶品口味更佳，我们还根据五行相生相克原理为不同的茶品搭配不同属性的茶食。

春夏秋冬的运行，顺应了木火土金水的相生相克。五形又对五味，即木主酸，火主苦，土主甘，金主辛，水主咸。下面我就根据季节和相应茶品为大家一一讲解茶、食的搭配原则：

（1）春属木，大地回暖万物生发，这时人们喜食酸味食品以舒肝气，但酸味过甚，肝气以津，脾气乃绝。因此应吃一些辛味食品，平衡酸味。因为辛属金，金克木，所以我们品饮早春绿茶时，可选择搭配一些辛味茶食，如红枣、葡萄干、笋干或一些蜂蜜制成的糕点等，以辛制酸，以助脾气。同时根据五行相生原理，水生木，咸入水。我们品饮早春绿茶，可选择搭配一些咸味的茶食，如杏仁、盐卤花生或核桃仁等干果。这样做不仅可以调和绿茶的苦味，还可从五行相生相克的层面使五脏调和。

（2）夏属火，气温升高，烈日炎炎，此时人们喜食苦味食品，以济心。如苦瓜、芥菜、黄瓜等。但苦味过甚会导致脾气不濡，胃气乃厚。因此在人们品饮绿茶时，建议搭配咸味食品如杏仁、盐卤花生或核桃仁等干果。因为水克火，咸味入水，在夏季饮茶时，如佐以咸味茶食，可起到调和五脏的效果。如果品饮的是红茶，则建议茶友们利用五行相生的原理选择酸味食品，如话梅、果干等，使甜醇厚滑的红茶清新干爽。

（3）仲夏属土，闷热潮湿，此时大多数人喜食寒凉之物，愿意躲在冷气房中，疏于运动。由于体寒凝滞，因此全身乏力，我们建议茶友品饮白茶、黄茶，以帮助身体排汗，同时食用一些甘味食品如南瓜、玉米等，滋阴生精，温脾暖胃。但甘味过甚，心气喘满、色黑，肾气不衡。因此可使用一些酸味食品调和，如各种水果干等。或利用五行相生原理，以苦味食品，如各种巧克力糕点、糖莲子等佐以白茶使茶品风味更佳。

（4）秋属金，万物凋零西风萧瑟，由于气温骤降，人们此时喜食一些辛辣之物，以保持体内热量。但辛味过甚会导致筋脉沮弛，精神乃央。根据五行相克原则，火克金，因此我们建议品饮乌龙茶时，可食用一些苦味食品，如黑巧克力等，以调和五脏。或利用五行相生原理，在品饮乌龙茶时佐以甘味食品，如红薯干、桃脯、麦芽糖、桂圆、山药糕等食品使浓郁芬芳的乌龙茶甜美滋润。

（5）冬属水，天寒地冻，为了保持体内的热量，人们喜欢躲在屋里面"猫冬"，喜食各种肉类，从五味上划分，肉类属咸，咸味虽入肾，但咸味过甚容易造成大骨气劳，短肌，心气抑。根据五行相克原理，土克水，人们可选食甘味食品，如甘薯干、芋头条等，以制约肾水过旺，这些甘味食品最适合搭配能去油减腻的普洱茶。同时根据五行相生原理，金生水，辛入金。在品饮黑茶时佐以辛味茶食品，如红枣、葡萄干、笋干豆或一些蜂蜜制成的糕点等，可以使粗犷沉稳的黑茶细腻甜滑。

以上是按照五行相生相克的原理配置的茶食与茶品。茶友们还可根据个人口味喜好自行搭配茶食，例如有的茶友认为蒸青绿茶有些苦涩，就可搭配一些甜性食品，如蛋糕、豆沙包等中和茶中的苦味。如果认为乌龙茶的刮油去腻的效果太过明显，也可搭配一些富含油脂的干果类食品以补充体内热量。无论如何搭配茶食都是为了使我们品茶的生活更加美好。

第四节
"茶之和"茶道

1. 备具

茶盘一只，香炉一个，棍香一只，盖碗四组，茶仓一个，茶道组一组，赏茶盒一只，水盂一只，茶巾一块，提梁壶一个，剑山一个，花器一个。

2. 解说词及流程

"和"是中国茶道的精髓，是中国人的智慧结晶，是千百年来中国人薪火相传的美德。茶之和体现在它能使人与物和。正如元代一曲《水仙子》所云："归来重整旧生涯，潇洒柴桑处士家。草庵儿不用高和大，会清标岂在繁华？纸糊窗，柏木榻。挂一幅单条画，供一枝得意花，自烧香童子煎茶。"这支元曲恰如其分地表现了中国茶道物我相忘的精神。

"茶之和"体现在茶能使人与人和。师长在席，敬上一杯茶，表达了心中不尽的感激之情；朋友在旁，奉上一杯茶，传递的是信赖与愉悦；孩子在侧，递上一杯茶，送上的是关怀与希望，茶使我们与他人相识相近。

"茶之和"还体现在它能使人与自然和。春宜边品绿茶边踏青折柳、倚案读书，清新淡雅；夏宜边品花茶边竹下小立、远望菏泽，清凉畅快；秋宜边品乌龙茶边对月折桂、倚窗赏菊，神清气爽；冬宜边饮普洱茶边玩雪折梅、围炉清谈，思如泉涌。

"茶之和"还体现在它使人与己和。社会生活的纷繁复杂和变化节奏

的快速，使人感到重重的压力，难免心烦气躁。但当一杯清茶在手，一组美器在旁，一群好友同坐，大家一起领略茶性的清纯、幽雅与质朴，会让人忘掉疲惫、不快，摆脱心灵的重压，达到内心的宁静与适意。

一碗茶在手，心境由茶转，正如唐代卢仝诗云："一碗喉吻润，两碗破孤闷，三碗搜枯肠，惟有文字五千卷。四碗发轻汗，平生不平事，尽向毛孔散。五碗肌骨清，六碗通仙灵。七碗吃不得也，唯觉两腋习习清风生。"

第一步：百花齐放（介绍茶具）

茶仓俗称茶叶罐，用来储放干茶，茶道组又称冲茶四宝，包括茶针、茶则、茶夹、茶拨。赏茶盒用来欣赏干茶色泽，三才盖碗：茶是天地人三才合一的灵物，因此冲泡花茶选用三才盖碗更能体现茶为草木英之妙处。提梁壶用来盛放泡茶之水，水盂用来盛放废水。

第二步：空谷幽兰（焚香调息）

点燃手中的一根香，让袅袅的香烟为茶人营造出安静、喜悦、娴雅的茶道气氛。这正是"香烟袅袅泛崇光，轻雾蒙蒙月转廊。唯恐人静茶睡去，故烧高香饮花香。"

第三步：春回大地（温杯烫盏）

当着宾客的面将本已干净的茶具再重新细细地烫洗一遍，一来表示茶人之心如器具般洁净，虚怀若谷；二则是为了提升茶器的温度，帮助茶香挥发到极致。

第四步：芳丛探踪（取茶、赏茶）

轻轻地将茶叶罐中的茶请到茶盒内，称为"芳丛探踪"，为了保持干茶的完整性，茶艺师的动作轻巧温柔，恰如在花园中折花探柳。

第五步：落英缤纷（拨茶入杯）

"英华"是小花的意思，我们今天为大家带来的是茉莉花茶。古有诗云："茉莉名佳花更佳，远从佛国传中华。花香袭人白又大，清甜可口人人夸。"茉莉花有补水锁湿的功效，因此用茉莉花和绿茶为底料制成的花茶特别受到北方人的喜爱。

第六步：春香满园（点水润茶）

向杯中点入少许热水，让干茶吸水吐露茶香，这是醒茶的过程。茶山间流传着这样的传说：茶是一位生在山中、睡在锅里、活在杯中的精灵，茶艺师通过这道程序亲手唤醒这位茶之精灵。

第七步：银河乍泄（悬壶高冲）

选用高冲水的手法，让茶叶在杯中翻滚，使杯中的茶汤香甜满腮，如甘如饴。

第八步：春风送暖（敬茶）

宋代君子四艺，为焚香、点茶、挂画、插花。我们借助春风送暖这道程序为各位来宾献上一碗香茗，供上一束鲜花，再奉上一幅字画。

第九步：三品流芳（鼻品、眼品、口品）

这是茶道中最美好的阶段，品字有三口，一曰眼品观色，二曰鼻品闻香，三曰口品尝味。品味花茶如含英咀华，香甜的茶汤不仅是滋润身心的灵药，也是联系品茶人与泡茶人的纽带。一啜香茗，愿烦恼不在；二啜香茗，愿亲友康健；三啜香茗，愿天下昌泰。

茗儒茶道与国学经典
MINGRUCHADAO YU GUOXUEJINGDIAN

第五篇

· 信 ·

第一节
人言为信

　　很多同学都在问我如何理解"信"？其实拆开信字就是它的意思——人言为信，意在表明人与人之间信任的第一步是通过言谈话语建立起来的。那么我们平时应该怎样与他人交谈呢？

　　《弟子规》中的《信篇》是这样描写的："凡出言，信为先。诈与妄，奚可焉。话说多，不如少。惟其是，勿佞巧。奸巧语，秽污词。市井气，切戒之。见未真，勿轻言。知未的，勿轻传。事非宜，勿轻诺。苟轻诺，进退错。凡道字，重且舒。勿急疾，勿模糊。彼说长，此说短。不关己，莫闲管。见人善，即思齐。纵去远，以渐跻。见人恶，即内省。有责改，无加警。唯德学，唯才艺。不如人，当自砺。若衣服，若饮食。不如人，勿生戚。闻过怒，闻誉乐。损友来，益友却。闻誉恐，闻过欣。直谅士，渐相亲。无心非，名为错。有心非，名为恶。过能改，归于元。倘掩饰，增一辜。"

　　这段文字是教育孩子从小要培养得体的言谈习惯，以获得他人的信赖。信篇的第一句就告诉孩子们说话要一诺千金，掷地有声，不可轻易反悔。为了做到"凡出言，信为先"，《弟子规》教导大家"话说多，不如少"。即与人交往时，说出来的每句话都要字斟句酌，切记不能因为自己的口才好就与别人争辩或花言巧语地蒙骗别人。

　　那么我们与人交谈的时候不能说什么呢？这里有三种话语是不能说的：奸巧语、污秽词和市井语。首先，所谓的奸巧语，指花哨、不切实际的话语。在《论语·学而篇》中，孔子就教导我们"巧言令色，鲜矣仁"。

这句话意在表明一个人如果通过花言巧语去哄骗别人以达到自己的目的，就不是一个懂得仁爱的人。其次是污秽词，它代表一些脏话和骂人的话。孩子们在刚开始学习说话时，并不能理解某些词语的具体意思，他们便会因为好奇而跟着重复，所以《弟子规》中教育家长：当孩子说污秽词的时候，家长们首先要自省，是否是自己用词不当导致了孩子的模仿。如果说污秽词的使用是家长很容易帮孩子纠正的，那市井语就不那么容易被察觉了。何为市井语呢？在古代，特别是南方，八口人家合用一口井，于是有市的地方就会有井，后来经过演变，这个词被世人用来形容鱼龙混杂的场所。孩子们张口闭口充斥着商人或俗人的锱铢必较，这就被称为市井气。孩童应该是天真无邪的，不应该过早地染上名利色彩。

知道了说话的规则后，谈话的内容就显得尤为重要。我们现代人讲究眼见为实，古人也强调"知之为知之，不知为不知"。这些俗语都是对我们讲话内容提出的要求。因此，我们的讲话内容应是自己的切身经历和真实感受，而并非道听途说。

孔子在《论语》中与我们分享了一个学习的秘诀——"学而不思则罔，思而不学则殆。"这句话是讲，学习知识的时候要用大脑思考，经常去探究新学知识的真实性和合理性，就不会被事物的表象所迷惑；人要有学习的能力和恒心，这样就会在学识上有所建树。其更深层的意思是说，我们听别人的话，也要用脑子去思考是否为事实真理。如今，互联网被大量运用，我们现在获取知识的途径比古人要丰富千百倍。但在我看来，互联网的应用是柄双刃剑，它既为现代人提供了获取知识的方便途径，又养成了一些人懒惰的习惯，比如一有不会的问题就上网。我在学校里讲课时就发现，我一旦提出什么问题，同学们的第一反应发就是上网查答案。网上的信息有的时候会有偏差，此时《弟子规》中的"见未真，勿轻言。知未的，勿轻传"便显得尤为重要。古人认为一名正人君子是不会随便承诺的，一旦承诺下来就一定"言必行，行必果"。"一诺千金"这句成语就是形容一个人言而有信。"一诺千金"出自《史记·季布栾布列传》："得黄金百斤，不如得季布一诺。"秦朝末年，在楚地有一个叫季布的人，

性情耿直，为人侠义好助。只要是他答应过的事情，无论有多大困难都设法办到，所以受到了大家的赞扬。

楚汉相争时，季布是项羽的部下。他曾几次献策，使刘邦的军队吃了败仗。刘邦当了皇帝后，想起这事，就气恨不已，下令通缉季布。

这时敬慕季布为人的人，都在暗中帮助他。不久，季布经过化装，到山东一户姓朱的人家当佣工。朱家明知他是季布，仍收留了他，后来，朱家又到洛阳去找刘邦的老朋友汝阴侯夏侯婴说情。刘邦在夏侯婴的劝说下撤销了对季布的通缉令，还封季布做了郎中，不久又改做河东太守。

季布有一个同乡人叫曹邱生，专爱结交有权势的官员，借以炫耀和抬高自己，季布一向看不起他。听说季布又做了大官，他就马上去见季布。季布听说曹邱生要来，就虎着脸，准备发落几句话，让他下不了台。谁知曹邱生一进厅堂，不管季布的脸色多么阴沉、话语多么难听，对着季布又是鞠躬，又是作揖，要与季布拉家常叙旧。曹邱生吹捧说："我听到楚地到处流传着'得黄金千两，不如得季布一诺'。您怎么能够有这样的好名声传扬在梁、楚两地的呢？我们既是同乡，我又到处宣扬你的好名声，你为什么不愿见到我呢？"季布听了曹邱生的这番话，心里顿时高兴起来，留下他住了几个月，并将他当作贵客招待。临走，还送给他一笔厚礼。

后来，曹邱生又继续替季布到处宣扬，季布的名声也就越来越大了。这就是"一诺千金"成语的由来。

俗话说观其字如观其人，观看一个人的笔记就能知道这个人的脾气秉性，所以在《弟子规》这样的开蒙读物中自然就规定了对书写的要求。我们可以用四个字来概括：端正舒展。中国的文字变迁源远流长。从甲骨文、金文到撰文，从楷书、隶书到狂草，无论我们是书法大家还是精通金石篆刻的研究者，当我们年幼时期第一次拿起毛笔书写时，写的一定是端庄沉稳的楷书。因为大家认为写字端正的人，一定是一个正心诚意的人。所以，从小我们就要培养自己端正的书写习惯，即"凡道字，重且舒。勿急疾，勿模糊。""彼说长，此说短。不关己，莫闲管。"意思是：作为青少年不要将精力放在八卦闲谈中，也不要过度关注他人是非，而是要努力做好自己的事情。正如孔子所说的："见贤思齐，见不贤而内自省。"传统儒学教导人们为成为对社会有用的人，要不懈努力，同时也要时刻满怀羞耻之心。羞耻之心是通过与他人的比较得来的，那么我们拿什么来跟别人比呢？容貌、金钱、权势，甚至健康都是身外之物，很容易随着时间的流逝而消失殆尽，只有内心的承受力、思想的高度和知识的储备量是自身可以控制的。

"闻过怒，闻誉乐。损友来，益友却。闻誉恐，闻过欣。直谅士，渐相亲。"这句话在《信篇》中是教育我们如何择友的。我在中学讲课时经常听到有的同学大呼友谊哪儿去了？我们去哪儿找真正的朋友？每每听到同学们对我说出这样的言辞，我都会问他这样一个问题：什么是朋友？"同门学习名曰朋，志同道合名曰友"，我们会发现现代人对朋友的定义和以前大相径庭。《论语》中说道："益者有三友，友直，友谅，友多闻。"这也正如《弟子规》中所说：如果想交到真正的好朋友，就要不惧怕别人指出你的过错，甚至当有人指出你的偏失时，你应欣喜若狂。

唐朝的李世民就是这样一位像《弟子规》中所说的闻过则喜之人。他有个大臣叫魏征，魏征之于李世民就是"友直、友谅、友多闻"的益友。魏征为人刚直不阿，在李世民犯错时总能在第一时间直言不讳地指出。所以魏征过世时李世民悲痛万分，说自己少了一面镜子。这个故事向我们解释了《弟子规》中交友的标准，也为我们指明了如何成为别人的交心之友：在朋友犯错时应善意地指出并帮其改正。

《弟子规·信篇》的最后说道："无心非，名为错。有心非，名为恶。过能改，归于无。倘掩饰，增一辜。"这是告诫我们一个有信誉的人是勇于承认自己的过错并将其改正的。错和过的区别在于，犯错是无心的，而过则是有意的恶举。比如我们在与小伙伴玩耍的时候不小心损坏了别人的物品（这属于无心之举），我们跟别人诚心认错并补偿即可。但如果是蓄意所为，故意损坏别人的物品，那就是做下了奸恶之事，不可原谅。

总的来说，《弟子规》中的《信篇》是从教孩子如何说话开始，以做人做事正心诚意结束。它教会了孩子们如何具有是非之心、羞耻之心，并带着这"二心"与人交往。

第二节
敬事而信

　　信任是人与人交往的纽带，它可以通过言语获取，却是非常难维系的。我们怎么才能成为值得别人信赖的人呢？《论语》中讲："敬事而信"，一个人能够认真负责地对待自己的专业或工作，就会轻而易举获得他人的信任。作为茶人，如果热爱茶，热爱传统文化，那么他无疑会受到他人的尊敬。中国茶道兴于唐宋，千百年来无数茶人用他们的实际行动及对茶道的热情书写着中国茶道历史，在这里我们重点介绍几位里程碑式的人物。他们对中国茶道的发展做出了巨大的贡献。

一、茶圣陆羽

　　陆羽生于唐开元年间。是中国茶道文化，甚至世界茶道文化的开创者。他倾其一生所著的《茶经》被誉为"世界上第一部关于茶的百科全书。"世间任何的成功都不是偶然，陆羽在茶道上的建树，与其传奇的一生有着莫大的关系。

　　相传陆羽出生之时脸部有季疵，被父母视为怪胎妖孽，从而弃于荒野。承蒙上天眷顾，这名弃婴被附近龙盖寺的智积禅师所遇，并带回寺院抚养。陆羽三岁时，智积禅师为其摇卦取名，占得渐卦，卦辞曰："鸿渐于陆，其羽可用为仪。"于是智积禅师按卦词给他定姓为"陆"，取名为"羽"，以"鸿渐"为字。从此世间便有了陆羽（陆鸿渐）。寺庙中，青灯古佛的生活对于一名幼童来讲是枯燥乏味的，而红尘内的生活对于幼年的陆羽来讲却是精彩、充满诱惑的。9 岁的陆羽曾向师傅智积禅师提出过这样的问题："释氏弟子，生无兄弟，死无后嗣。儒家说不孝有三，无后为大。出家人能称有孝吗？"禅师听后大为恼火，他认为作为尘外人的陆羽不应心存杂念，于是便让陆羽从事繁杂的劳役以磨心性，要他"扫寺地，洁僧厕，践泥污墙，负瓦施屋，牧牛一百二十蹄"。陆羽并不因此气馁屈服，求知欲望反而更加强烈。他无纸学字，以竹划牛背为书，偶得张衡《南都赋》。他虽不识其字，却危坐展卷，念念有词。积公知道后，恐其浸染外典，失教日旷，又把他禁闭寺中令其修剪花草，还派年长者管束。12 岁那年，他乘人不备逃出龙盖寺，到了一个戏班子里学演戏，做了优伶。他虽其貌不扬，又有些口吃却幽默机智，演丑角很成功。他后来还编写了三卷笑话书《谑谈》。

唐天宝五年（公元 746 年），竟陵太守李齐物在一次州人聚饮中，看到了陆羽出众的表演，十分欣赏他的才华和抱负。太守当即赠以诗书，并修书推荐他到隐居于火门山的邹夫子那里学习儒学。这次求学经历不仅改变了陆羽的人生观和价值观，而且为他日后著成《茶经》一书奠定了坚实的文化基础。天宝十一年（公元 752 年），礼部郎中崔国辅被贬为竟陵司马。次年，陆羽揖别邹夫子下山。崔与羽相识，两人常一起出游，品茶鉴水，谈诗论文。天宝十三年（公元 754 年），陆羽为考察茶事，出游巴山峡川。临行前，崔国辅以白驴、乌犁牛及文槐书函相赠。一路之上，他逢山驻马采茶，遇泉下鞍品水，目不暇接、口不暇访、笔不暇录，锦囊满获。唐肃宗乾元元年（公元 758 年），陆羽来到升州（今江苏省南京市），寄居栖霞寺，钻研茶事。次年，旅居丹阳。唐上元元年（公元 760 年），陆

羽从栖霞山麓来苕溪（今浙江省吴兴区），隐居山间，阖门著述《茶经》。期间常身披纱巾短褐，脚着藤鞋，独行山野中，深入农家，采茶觅泉，评茶品水；或诵经吟诗，杖击林木，手弄流水，迟疑徘徊，每每至日黑兴尽，方号泣而归，时人称谓其今之"楚狂接舆"。唐代宗曾诏拜羽为太子文学，又徙太常寺太祝，但都未就职。陆羽一生鄙夷权贵，不重财富，酷爱自然，他将儒家思想佛门禅机融入茶道，将这两门哲学精髓以泡茶品茶的形式表现出来，开创了唐风茶道的新纪元。他的不少关于品茶鉴水的神奇传说被收录进典籍中。唐代的张又新在《煎茶水记》中记述了一件陆羽关于品茶论水的故事："唐代宗朝李季卿刺湖州，至维扬（今江苏省扬州市），逢陆处士鸿渐。李素熟陆名，有倾盖之欢，因之赴郡，泊扬子驿。将食，李曰：'陆君善于茶，盖天下闻名矣，况扬子南零水又殊绝，今者二妙，千载一遇，何旷之乎！'命军士谨信者，执瓶操舟，深诣南零。陆利器以俟之。俄水至，陆以杓扬其水曰：'江则江矣，非南零者，似临岸之水。'使曰：'某棹舟深入，见者累百，敢虚给乎。'陆不言，既而倾诸盆，至半，陆遽止之，又以勺扬之曰：'自此南零者矣！'使蹶然大骇服罪曰：'某自南零赍至岸，舟荡覆半，惧其尠，挹岸水增之，处士之鉴，神鉴也，其敢隐焉。'李与宾从数十人皆大骇愕。李因问陆，既如是，所经历处之水，优劣精可判矣。陆曰：'楚水第一，晋水最下。'李因命笔，口授而次第之。"无论这个故事真实与否，我们都可以从中看出，陆羽对茶事的孜孜以求，对茶的执着。

《全唐诗》载有陆羽的一首歌：

不羡黄金罍，

不羡白玉杯，

不羡朝入省，

不羡暮登台；

千羡万羡西江水，

曾向竟陵城下来。

这首诗体现了陆羽那颗淡泊名利的茶之心，由此看来，陆羽之所以被称为茶圣，不仅是因为他铸就了《茶经》，也不仅是因为他首创的陆式煎茶法，更重要的是他开启了一代以茶论道、以茶明志的先河。

二、茶叶皇帝赵佶

我们称赵佶为茶叶皇帝，不如称其为艺术皇帝。人的一生，有很多事情是自己无法选择的，比如出身和父母。宋徽宗赵佶是北宋的皇帝，但这位"不爱江山爱丹青"的皇帝恐怕更愿意当一位艺术家吧！

赵佶在位期间，虽然朝政腐朽黑暗，但他却是个艺术奇才，不仅工于书画，通晓百艺，还对烹茶、品茗尤为精通。赵佶曾以帝王之尊编著了一篇《茶论》，后人称为《大观茶论》。一个皇帝，以御笔著茶论，这在中国历史上还是第一次。

皇帝评茶论道，下面的群臣自然趋之若鹜。一时间，宋朝的茶事兴旺至极，不仅王公贵族、文人雅士纷纷效仿，市井之间大大小小的茶馆也比比皆是。人人以烹茶品茗为时尚，而且挖空心思地弄出花样来品茶、煮茶、论茶，甚至是斗茶。

斗茶本是属于民间的赛事，却被赵佶引入宫中，并在《大观茶论·序》里说："天下之士，励志清白，竟为闲暇修索之玩，莫不碎玉锵金，吸英咀华，

较筐莢之精，争鉴裁之别。"在大规模的斗茶比赛中，最终胜出的茶就成为贡茶了。这样一来，在宋徽宗时代，斗茶之风日益盛行，产茶和制茶的工艺也得到极大提高，向朝廷贡茶的品种和名目也渐渐繁多起来。当时在武夷山有一个御茶园，仅这里的贡茶品种就多达五十余种。

宋徽宗赵佶在政治上虽是一个无能的昏君，但在艺术方面却是很有造诣的。他不仅是旷古绝今的"瘦金体"书法大师，而且是一位技艺不凡的品茶大师。他与臣子品饮斗茶时，亲自点汤击拂，能令"白乳浮盏面，如疏星朗月"，达到最佳效果。赵佶的《大观茶论》从序言、产地、天时、采择、蒸压、制造、鉴辨、白茶、水、味、香、色、藏焙等众多方面为我们现代人展现了一幅宋代茶事盛卷。这本书不但详细、具体、精辟，而且通俗易懂，堪称茶书中的精品。如果说唐代的陆羽发明的煎茶法使当时的权倾贵胄认识了茶，那么宋徽宗赵佶自创的徽宗点茶法则是为中国茶道的发展指明了道路。宋徽宗以精湛的茶艺，使品茶升级为一门优雅的艺术。可以毫不夸张地说，徽宗点茶法为世界茶道的发展奠定了基础并指明了方向。

三、品茶大师——蔡襄

蔡襄被誉为北宋"庆历名臣"，为官一世，政绩赫然。尤以安民济世、锐意改革为后人所称道。殊不知，蔡襄一生还与茶结下不解之缘。他精于品茶论茶，在我国茶文化史上有着突出的贡献。

丁氏的《宋人轶事汇编》载有蔡襄品茶的趣事数则。其一称：建安（今福建省建瓯市）能仁院有茶生石缝间，寺僧采造号"石岩白"，取四块茶饼赠蔡襄，另四饼派人专送京师做官的王禹玉。岁余，蔡奉召回朝任职，造访禹玉，禹玉命子弟于茶筒内选精品款待。蔡捧瓯（茶盏）未尝辄曰："此茶极似能仁院'石岩白'，公何从得之？"禹玉将信未信，取茶帖验之，果然是能仁院所赠的"石岩白"，于是佩服蔡襄的品茶能力。又一则称：蔡襄至福州时，一日与府丞私约品尝小团茶，坐久，复有一客至，共品茶。

蔡啜而味之曰："此非独小团茶，必有大团茶掺杂之。"府丞惊呼仆童问之，童曰："本碾造二人茶，继有一客至，造不及，乃以大团茶兼之。"府丞于是神服蔡审茶之精明。

蔡襄品茶之精，并非与生俱来，而是其常年实践的结果。福建建安北苑（今建瓯市凤凰山区），由于水土适宜、工艺精湛，所产茶饼被列为朝廷贡品，备受仁宗皇帝称赞。庆历七年（公元1047年），蔡襄外放福建转运使任上，极为关注贡茶的采制。在监制贡茶的过程中，蔡襄不辞辛劳，深入北苑山区实地考察，发现北苑所焙制的龙茶，取料于凤凰山一线。隔溪诸山之茶叶，虽及时加以制作，其色味皆重不能及。故对贡茶的取料掌握极严，采用鲜嫩茶芽焙制之。

为适应朝廷所好，提高贡茶品质档次，蔡襄在严格取料的基础上，对传统的制作工艺加以改进。一是小型化，即将原八块为一斤的茶饼（大团茶），改为二十块为一斤（小团茶），以方便烹用。二是多样化，即茶饼外形，除传统的正圆形外，新增椭圆形、四方形和棱形等形状。三是艺术化，即在茶饼上面用木模压出龙凤呈祥图案，周边设花草图案。可谓小巧玲珑、多姿多彩，其采制工艺达到炉火纯青的地步。由于其品绝精，几至以金论价，深得仁宗皇帝珍爱，以至于连身边辅助之臣，也未尝随意辄赐。北苑贡茶由此誉满京都。诚然，此茶乃专供朝中贵人尝用，非民间百姓所能品味，但因其采制精良，品质上佳，声名大噪。需求量陡升，极大地促进了建安北苑茶业生产的发展，成为中国古代茶叶史上灿烂的一页。

蔡襄并非一位独享其乐、无所用心的茶客。他在长年的用茶实践中，苦心思索钻研，对品茶有了一系列独到的体会和见解。鉴于陆羽的经典——《茶经》未提及建安茶品；而且创制大龙凤团饼茶的丁渭（曾任福建转运使）所著的《北苑茶录》仅记采造之本，未曾论及烹试之法；同时，蔡襄念及皇佑年间于朝廷任职奏事时，仁宗皇帝曾称赞其任福建转运使时，所进上的品龙茶最精最好，且屡次问及建安贡茶及试茶之状，为此特撰《茶录》二篇。此书对建安贡茶的采制、品尝等，进行了较为系统的论述，于皇佑三年（公元1051年）上进仁宗，或赐观采。

　　《茶录》分上下两篇，其上篇"论茶"，分"色""香""味""藏茶""炙茶""碾茶""罗茶""候茶""茶盏""点茶"诸条目，主要论述茶汤品质及烹饮方法。提出：茶色贵白，以青白胜黄白；茶有真香，皆不入香；味主于甘滑，水泉不甘能损茶味。茶喜温燥而忌湿冷，藏茶宜箬叶（香蒲叶）而畏香药。用茶经炙茶、碾茶、罗茶、候汤、熁盏、点茶六步，并详述其法。下篇"论器"，分"茶焙""茶笼""砧椎""茶钤""茶碾""茶罗""茶匙""汤瓶"诸条目，主要论述茶具。书中指出："茶焙"，编竹为主，裹以箬叶，用以养茶色香味；"茶笼"，用以盛茶，置高处，不近湿气；"砧椎"，用以砧茶；"茶钤"，金铁为之，用以炙茶；"茶碾"，以银或铁为主；"茶罗"，以绝细为佳；"茶盏"，茶色白，宜黑盏；"茶匙"，茶匙要重，击拂有力，黄金为上，人间以银为之；"汤瓶"，瓶要小者易候汤，点茶注汤有准，黄金为上，人间以银铁或瓷石为之。对于茶盏，蔡襄特别推崇建安所造的黑釉兔毫茶盏，"其色绀黑，纹如兔毫，其坯微厚，熁之久热难冷，最为要用"。建安兔毫茶盏因其质优色美，与北苑小龙团茶并列为朝廷贡品。

　　《茶录》的理论价值在于它不仅对建安贡茶的采制工艺、品质标准、品尝方法、茶器茶具有精到的论述，尤其难得的是它首次提出色、香、味三大品质标准，为后世乃至现代品茶理论奠定了科学基础。

　　蔡襄的《茶录》是中国茶文化史上继陆羽《茶经》之后影响较大的论茶专著。因其本系朝中进呈之作，往往成为束之高阁、秘而不传的朝廷档案。其后之所以传世，可谓歪打正着，颇为偶然。原来在嘉祐年间，蔡襄外放至福州府任上，所藏《茶录》底稿不翼而飞，被府衙掌管文书的幕僚窃去，内容不能复记。幸而其后得知窃稿为本郡怀安县令樊纪购得，遂以刊勒行于好事者，但多舛谬。蔡襄追念先帝（仁宗）顾遇之恩，揽本流涕，于治平六年（公元1064年）五月对刊本加以订正定稿，并用真楷小字书之，后由樊纪全文勒之于石，以永其传。《茶录》有幸，蔡襄有幸，茶客有幸，中国茶史有幸！

　　蔡襄对建安贡茶倾心至极，精于茶理，论茶剀切中理，以至当时无人敢对蔡公发言。一则诗话称：蔡公见文友范某诗作《采茶歌》有一句"黄金碾畔绿尘飞，碧玉瓯中翠涛起"。称茶饼用膏油上色，有青、黄、黑、紫之分，以青白色为上品，冲泡则以盏中白沫多而久为佳。于是建议改为"黄金碾畔玉尘飞，碧玉瓯中素涛起"。一时传为佳话，足见其对品茶观察研究之细微深刻。

因而后世茶家公认蔡襄为中国茶界第一品茶大师。

四、茶仙朱权

明代叶茶散泡法是在饼茶的制作迅速减少的趋势下应运而生的，而以饼茶为基础的斗茶技趣也随之消退。到明代初年，朱元璋下诏取消贡奉龙团饼茶，倡导叶茶，于是进一步促进了饮茶方式的转变，斗茶从此没落，同时也使自唐以来的以碾煎过程为主体的"烹饮法"渐趋消失，饮茶之道主要集中在品饮的过程中。

在这次饮茶方式的转变过程中，倪瓒是"先驱"，朱元璋是"后继"，真正确立新方式的则是朱权。

朱权（1378—1448），明太祖朱元璋的第十七子，自幼体貌魁伟，聪明好学，人称"贤王奇士"。朱元璋为防御蒙古，将朱权分封到河北会州（今河北省平泉县南），称宁王，与燕王朱棣等王子节制沿边兵马。洪武三十一年（公元1398年），朱元璋死，皇孙朱允炆即位，是为建文帝。次年，即建文元年（公元1399年），朱棣进军南京，发动了长达四年的靖难之役。朱棣起兵前，曾胁迫朱权出兵相助，并许以攻下南京后，与他分天下而治。经过四年战争，朱棣打败建文帝，夺取了政权，继皇帝位，是谓明成祖，年号永乐。

朱棣继位后，非但对分治天下只字不提，而且还将朱权从河北徙迁至江西南昌，尽夺其兵权。朱权遭此巨创深痛，遂为求清静、韬光养晦，于南昌郊外构筑精庐，寄情于戏曲、游娱、著述、释道，多与文人学士往来，自号臞仙，又号大明奇士、涵虚子、丹丘先生。

朱权晚年信奉道教，耽乐清虚，悉心茶道，将饮茶经验和体会写成了一卷对中国茶文化颇具贡献的《茶谱》。

唐宋时期茶叶多以蒸青团茶为主，制法为先将鲜叶蒸一下，然后捣碎拍制成中间留孔的团饼，再串起来焙干、封存。朱权却不欣赏团茶及其烹饮方法，独创了蒸青叶茶烹饮法。他在《茶谱》序文中说："'团茶'杂以诸香，饰以金彩，不无夺其真味。然天地生物，各遂其性，莫若叶茶，烹而啜之，以遂其自然之性也。"他主张保持茶叶的本色、真味，顺其自然之性。的确，叶茶不但饮用方便，而且能让人享受到茶叶的色、香、味、形之美，更能品味到茶的本味。

清茶助清谈，清谈更品茶。所谓"泛花邀坐客，代饮引清言"，便刻画了饮谈相生的雅意。朱权还较为完整地构想了一套清谈开始前的行茶仪式：先让一侍童摆设香案，安置茶炉，然后另一侍童取出茶具，汲清泉，碾茶末，烹沸汤，候汤如蟹眼时注于大茶瓯中，再候茶味泡出时，分注于小茶瓯中。这时主人起身，举瓯奉客，对客说："为君以泻清臆。"（即为您一抒胸臆）；客人起身接过主人的敬茶，也举瓯说："非此不足以破孤闷。"然后各自坐下，饮完一瓯，侍童接瓯退下，于是主客之间话久情长，礼陈再三，琴棋相娱。

这一焚香弹琴、烹茶待客的礼仪，是朱权在宋代君子四忆的基础上发展而来的，同时作为一名散叶茶的爱好者，他将散叶茶的冲泡方式与儒学和道学相结合，倡导人们以茶明是非、以茶品真味，开创了茗儒茶学派，并将此学派列为家学，让后世子孙通过品茶、煎茶、泡茶，体悟儒、道的精髓。

朱权一生虽在政治上无甚建树，但其所创茗儒茶学却可称之为以茶警世的典范，而且其所独创的"双清茶道"正是现代茶叶冲泡法的雏形。在朱权的倡导下，炒青绿茶逐步代替了蒸青绿茶。时至今日，人们的喝茶方式依旧传承了朱权的散叶冲泡法。

中国茶文化的形成与发展是古往今来历代茶人们共同不懈努力的结果，由于篇幅有限我们不能将所有的茶人一一枚举，但他们在茶道上的建树和思想上的光辉，为后世茶人照亮了前行的道路。

第三节
欲敬其事，先利其器

上一节中，我们先后介绍了几位对中国茶事发展做出巨大贡献的茶道先贤。从他们的事迹中，大家不难发现，在中国茶道发展史上，每一次重大变革都与茶器发展息息相关。在本章节中我们将介绍三次中国茶器的变革，它们分别是：唐代煎茶茶器、宋代点茶茶器和明代泡茶茶器。

一、唐代煎茶茶器

陆羽的《茶经》中将唐人煎茶品茶的二十六件器皿独立成章，分别就其材质、功用做了详细的介绍。这二十六件器皿依次是：风炉（灰承）、筥、炭挝、火筴、鍑、交床、夹、纸囊、碾、拂末、罗合、则、水方、漉水囊、瓢、竹筴、鹾簋（揭）、碗、熟盂、畚、札、涤方、滓方、巾、具列、都篮。

1）风炉（灰承）：风炉用以生火煮水，灰承用以承灰。风炉，形如古鼎，有三足两耳。"厚三分，缘阔九分，令六分虚中"，炉内有床放置炭火。炉身下腹有三孔窗孔，用于通风。上有三个支架（格），用来承接煎茶。炉底有一个洞口，用以通风出灰，其下有一只铁制的灰承，用于承接炭灰。

风炉的三个足上均铸有古文字注脚：一足上铸有"圣唐灭胡明年铸"。一般"圣唐灭胡"是指唐代宗广德元年（公元763年）讨"安史之乱"之际，而这一年的"明年"（公元764年），就是制造该风炉的年代。一足

上铸有"坎上巽下离于中"。按《杂卦》之解，说的是风在下，以兴火；火在上，以助烹，也就是说，煮茶的水放在风炉上面的釜内，风从炉底洞口吹入，火在炉腔中燃烧，说的是煎水烹茶的基本原理。一足上铸有"体均五行去百疾"。五行指的是金、木、水、火、土，此句结合人的腑脏器官，运用五行相生相克理论，说饮茶能使五脏调和，百病消散，指明了茶的药理功能。而炉腹三个窗孔之上，又分别铸有"伊公""羹陆"和"氏茶"字样，连起来读成"伊公羹，陆氏茶"。"伊公"指的是商朝初期贤相伊尹，"陆氏"当指陆羽本人。《辞海》引《韩诗外传》曰："伊尹……负鼎操俎调五味而立为相。"这是用鼎作为烹饪器具使用的最早记录，而陆羽是历史上用鼎煮茶的首创者，所以长期以来，有"伊尹用鼎煮羹，陆羽用鼎煮茶"之说，一羹一茶，两人都是首创者。由此可见，陆羽首创的铁铸风炉，在中国茶具史上，也可算是一大创造。

2）筥：用以放茶之竹笼。

3）炭挝：用以敲碎炭的六棱铁棒，形似铁锤或铁斧。唐人认为煮水应用无异味的木炭，这样才能保持水之本味，因此在煮茶前茶人会精心选用上好木炭，生火煮水。

4）火筴：用以夹炭入风炉，形似火筷子。

5）鍑：也作釜，用以煮水。一般来说，唐人多用铁铸鍑来煮水，也有人为追求外观典雅优美而选用陶瓷制鍑，但不如铁鍑耐用。现在在日本茶道中还可以看到这种铁铸的鍑。

6）交床：用以固定鍑，在风炉之上。

7）夹：用以夹茶饼炙茶。夹就是用来夹茶饼，唐代盛行将蒸青绿茶压制成饼以便运输，煮茶前为方便碾碎茶饼，人们喜欢用青竹制成的夹子夹住干茶饼放于火上炙烤，茶饼会吸收青竹的香气，以增茶味，此夹也有用铜铁制造而成的，是为了延长使用寿命。

8）纸囊：用以贮存炙热过的茶，选取质地细腻的纸张缝成囊状，储放炙热的茶饼，以保证茶饼的香气不外泻。

9）碾：用以碾茶。其外形有点像现代人所用的药碾，碾槽一般为木质方形，碾为铁制圆形，此物取天圆地方之意。茶人认为茶是天地孕化的灵芽，唐代盛行的煎茶法就是在煮茶前把蒸青绿茶饼烤酥放置于纸囊中，待其冷却后，再用碾子碾碎。

10）拂末：用来清掸茶末。一般用飞鸟的羽毛制成。当茶饼被碾子碾碎后，人们用鸟羽做成的拂末轻轻地将碎茶拂入罗河中，进行二次筛选，使碎茶的颗粒变得更加细腻。这一过程被视为煎茶时最优美的环节之一，有诗赞曰："碾雕白玉，罗织红纱。"

11）罗合：是一件两件套的茶器。罗用以筛茶，合用于盛放筛好的茶末。正如上文所讲，人们为得到细腻的茶末，用不同目数的罗来筛碾碎的茶，目数越多，罗的筛眼越小，筛出的茶末越细腻。

12）则：用以枸量茶末。一般是用贝壳制成勺状，后镶嵌木柄，一勺茶末可煮一升水，人们用此物作为量取茶末的器皿，以此为则。在现代茶道中，我们还将取茶的茶勺雅称为茶则。

13）水方：用以贮生水。一般用椆、槐、楸、梓等木材合成，内外封以大漆，容量为一斗。

14）漉水囊：用以滤水。其外形如现在中药过滤汤药的筛子，只不过滤水囊上用来筛水的筛子不是棉纱，而是生铜打造的网格，唐人认为用生铜制成的筛子可以过滤水中污物，且可去除水中的腥气。

15）瓢：用以枸水。一般取材匏瓜，即葫芦。也有用木材制成的。用匏盛水的风俗可追溯到周朝，晋代杜育所著《荈赋》曾云："酌之以匏，取式公刘。"此处的公刘子，姓姬名旦，是周朝的王子，即著名的鲁周公。从这首赋中可看出，以匏盛水早在周代就已有之。

16）竹夹：一般选用桃、柳、蒲葵木或柿心木制成，长约一寸，两头裹金。唐人煮茶在二沸水时用此竹夹在汤面搅出漩涡，再拨入茶末，因此被看成煮水时用以环激汤心、以发茶性的器具。

17）鹾簋（揭）：用以贮盐花。其外形为圆径四寸的瓷瓶或瓷缶。该器皿上的盖子被称为揭，材质为韧度较高的竹子。唐人在煎煮蒸青绿茶时，为增加茶品鲜香的风味，喜欢在茶汤一沸后加入少许盐花。这与我们现代人品茶方式大相径庭，这样的饮茶方式是羹饮时期的标志。

18）碗：用以品茗饮茶。陆羽认为品茗的茶碗以越州的青瓷最好（即现在的龙泉青瓷）。他认为越州瓷的青色可衬托出茶汤的绿，同时越瓷晶莹剔透的釉色可使茶汤看上去流光溢彩，当然这只是陆羽的个人见解。那么唐朝人用来品茶的碗是什么形质的呢？总的来说，茶碗大小以容半升水为上限，茶碗唇口不卷边，碗底卷而浅。这样的茶碗适宜品饮烹煮过的茶汤，既便于观察汤色，又方便品饮，不易烫手。

19）熟盂：选用瓷或砂制，一般容量是两升，用来贮熟水，止沸育华。唐人煎茶，喜欢在二沸水时舀出部分沸水入熟盂，待水三沸时再将熟盂中的水注入釜中，以使汤锅中的沸水暂时停沸。

20）畚：用以贮藏茶碗。

21）札：刷子，用以清洁器物。外形像一支巨大的毛笔，"笔头"用棕榈的皮或茱萸木的纤维制成，笔管用竹管制成，有点像现代人用的养壶笔。

22）涤方：用以贮放洗涤水。

23）滓方：用以收集茶渣、残水。

24）巾：用以擦拭器物。

25）具列：煮茶时陈列茶器的架子。

26）都篮：用以收藏茶器的篮子。

以上二十六件器皿是唐人煎茶之茶器。看完这些器皿的介绍，我们似乎已经体味到唐朝人品茶的风俗。随着生产力的发展，制茶技术也得到了突飞猛进的提升，宋人在陆羽煎茶法的基础上去粗取精，创立了一套更为简洁的行茶方式，被称为"点茶法"。茶道形式的精简体现在茶器的精简上，下面我们就来看看宋人点茶都是用哪些茶器的。

二、宋代点茶茶器

正如前文所说，宋人的品茶生活较之唐人更为精简优雅，他们不仅将陆羽煎茶所用的二十六器简化为十二器，并根据这十二件器皿的材质和功用，为其拟人化取名封官，这就是宋代著名的茶器"十二先生"，分别是：韦鸿胪、木待制、金法曹、石转运、胡员外、罗枢密、宗从事、漆雕秘阁、陶宝文、汤提点、竺副帅、司职方。

①韦鸿胪（即茶炉），名文鼎，字景旸，号四窗间叟。

姓"韦"，表示由坚韧的竹器制成，"鸿胪"为执掌朝祭礼仪的机构，"胪"与"炉"谐音双关。赞词中的"火鼎"和"景旸"，表示它是生火的茶炉，"四窗间叟"表示茶炉开有四个窗，可以通风，出灰。"赞曰：祝融司夏，万物焦烁，火炎昆岗，玉石俱焚，尔无与焉。乃若不使山谷之英堕于涂炭，子与有力矣。上卿之号，颇著微称。"

②木待制（即茶臼），名利济，字忘机，号隔竹居人。

姓"木"，表示是木制品，"待制"为官职名，是宫中轮流值日的皇家顾问。"赞曰：上应列宿，万民以济，禀性刚直，摧折强梗，使随方逐圆之徒，不能保其身，善则善矣，然非佐以法曹、资之枢密，亦莫能成厥功。"

从上文可看出，木待制就是击碎茶饼的木椎。

③金法曹（即茶碾），名研古、轹古，字元锴、仲鉴，号雍之旧民、和琴先生。

姓"金"，表示用金属制成，"法曹"是司法机关。"赞曰：柔亦不茹，刚亦不吐，圆机运用，一皆有法，使强梗者不得殊轨乱辙，岂不韪欤？"茶被木待制击成小块后，被置于金法曹中碾碎，它的功用其实就是唐代的碾。

④石转运（即茶磨），名凿齿，字遄行，号香屋隐君。

姓"石"，表示用石凿成，"转运"是宋代负责一路或数路财富的长官，但从字面上看有辗转运行之意，与磨盘的操作十分吻合。"赞曰：抱坚质，怀直心，啖嚅英华，周行不怠，斡摘山之利，操漕权之重，循环自常，不舍正而适他，虽没齿无怨言。"为使茶末变得更加细腻，宋人在用金法曹碾碎干茶后，又将碎茶置于石转运中研磨。从这件器皿上我们不难看出宋人饮茶较之唐人更为细致。

⑤罗枢密（即筛子），名若药，字傅师，号思隐寮长。

姓"罗"，表明筛网有罗绢敷成。"枢密使"是执掌军事的最高官员，"枢密"又与"疏密"谐音，和筛子特征相合。

"赞曰：几事不密则害成，今高者抑之，下者扬之，使精粗不至于混淆，人其难诸！奈何矜细行而事喧哗，惜之。"用筛子过滤一遍碾碎的茶粉，使细腻的茶末溶于沸水。这在中国茶道史上是一个里程碑式的发明，它的出现不仅改变了宋人的饮茶方式，同时也方便了茶道的传播。

⑥胡员外（即水勺），名惟一，字宗许，号贮月仙翁。

姓"胡"，暗示由葫芦制成。"员外"是官名，"员"与"圆"谐音，"员外"暗示"外圆"。"赞曰：周旋中规而不逾其闲，动静有常而性苦其卓，郁结之患悉能破之，虽中无所有而外能研究，其精微不足以望圆机之士。"以葫芦作为盛水器，自周朝便有之，不足为奇，但根据其材质及功用，为其取名表字确属宋人首创，可见茶道在宋朝是何等兴盛。

⑦宗从事（即茶帚），名子弗，字不遗，号扫云溪友。

姓"宗"，表示用宗丝制成。"从事"为州郡长官的僚属，专事琐碎杂务，"弗"既"拂"，"不遗"是其职责，号"扫云"，就是掸茶之意。"赞曰：孔门高弟，当洒扫应对事之末者，亦所不弃，又况能萃其既散、拾其已遗，运寸毫而使边尘不飞，功亦善哉。"

⑧漆雕秘阁（即盏托），名承之，字易持，号古台老人。

复姓"漆雕"，表明外形甚美，也暗示有两个器具。秘阁为君主藏书之地，宋代有"直秘阁"之官职，这里有茶托承持茶盏、"亲近君子"之意。"赞曰：危而不持，颠而不扶，则吾斯之未能信。以其弭执热之患，无坳堂之覆，故宜辅以宝文，而亲近君子。"

⑨陶宝文（即茶碗），名去越，字自厚，号兔园上客。

姓"陶"，表明由陶瓷做成，"宝文"之"文"通"纹"，表示器物有优美的花纹。"去越"意思是非"越窑"所产，"自厚"指壁厚，加上"兔园上客"的号，联系起来，就是宋代著名的"建窑"所产"兔毫盏"了。"赞曰：出河滨而无苦窳，经纬之象，刚柔之理，炳其绷中，虚己待物，不饰外貌，位高秘阁，宜无愧焉。"

⑩汤提点（即汤瓶），名发新，字一鸣，号温谷遗老。

姓"汤"，即热水，"提点"为官名，含"提举点检"之意，是说汤瓶可用以提而点茶。"发新"是指显示茶色，"一鸣"指沸水之声。赞曰："养浩然之气，发沸腾之声，中执中之能，辅成汤之德，斟酌宾主间，功迈仲叔圉，然未免外烁之忧，复有内热之患，奈何？"

⑪竺副帅（即茶筅），名善调，字希点，号雪涛公子。

姓"竺"，表明用竹制成，"善调"指其功能，"希点"指其为"汤提点"

服务，"雪涛"指茶筅调制后的浮沫。"赞曰：首阳饿夫，毅谏于兵沸之时，方金鼎扬汤，能探其沸者几稀！子之清节，独以身试，非临难不顾者畴见尔。"茶筅自宋至今都是点茶时的重要茶器，在日本茶道中，人们根据茶筅上竹条的粗细多寡来判定，该茶筅适用于点薄茶还是浓茶。

⑫ 司职方（即茶巾），名成式，字如素，号洁斋居士。

姓"司"，表明为丝织品。"职方"是掌管地图与四方的官名，这里借指茶巾是方形的。"如素""洁斋"均指它用以清洁茶具。"赞曰：互乡之子，圣人犹且与其进，况瑞方质素经纬有理，终身涅而不缁者，此孔子之所以洁也。"

"十二先生"出自南宋审安老人的《茶具图赞》。审安老人真实姓名不详，他于宋咸淳五年（公元 1269 年）集宋代点茶用具之大成，以传统的白描画法画了十二件茶具图形，称之为"十二先生"。并按宋时官制冠以职称，赐以名、字、号，足见当时上层社会对茶具的钟爱之情。

三、明清至现在的茶器

众所周知，自明朝中国茶文化进入散饮时代。随着散叶子茶的出现，人们的饮茶方式也发生了翻天覆地的变化。明人又把宋人泡茶的十二种器皿精简至四种，分别是茶炉、汤壶（茶铫）、茶壶、茶盏（杯），其中紫砂茶壶异军突起，受到了广大茶人的喜爱，紫砂因其烧制后可呈现质朴天然的五种色彩（即红、朱红、紫、绿、黄），故被称为五色土。又因其经养护可呈现铁一样的质地、玉一样的光彩，故而得名紫玉金砂。茶人们发现用紫砂壶泡茶，不仅可以使茶汤变得更加细腻，还可最大程度挥发茶香，并有保鲜之神奇功效，于是紫砂茶壶便成了茶人的"心头好"。时至今日，紫砂壶依然是现代茶道中不可或缺的重要茶器之一。

从以上茶具来看，在中国茶道发展过程中，每一次泡茶形式上的变革都与茶器的发展息息相关，这正是"工欲善其事，必先利其器"。

第四节
敬贤茶与信

正如我们上文所说，语言谦逊、行为恭敬、认真负责，就会使别人产生信任之感。为了加深同学们对"信"的理解，我们向大家推荐一套以敬贤为主题的茶道。让同学们在研习茶道的过程中体会言辞谨信，行事谦恭。

1. 备具

冲茶四宝一组，紫砂壶一只，公道杯一只，品茗杯三只，提梁壶一个。

2. 解说词及流程

"年年春自东南来，建溪先暖冰微开。溪边奇茗冠天下，武夷仙人自古栽。"敬贤茶茶道选取武夷岩茶精品大红袍，此茶属于半发酵茶，是暖胃助消化的佳品。我们将此茶献给在座的长辈，不仅是希望各位长辈以茶养心、延年益寿，更希望借助此茶艺向茶道先辈们表达恭敬之心。

第一步：香惠先贤，福贯东海（点香）

茶道师以恭敬之心点燃手中的三支香。一支敬天，一支敬地，一支敬奉给那些自古以来一直为中国茶道发展不懈努力的先贤们。

第二步：五福奇享，德艺双馨（介绍茶具）

冲泡岩茶主要有五件茶器。

第一件茶器是茶道组，又称冲茶四宝。它们分别是用来量取佳茗的茶

则，拨茶入壶的茶拨，疏通壶嘴的茶针，夹取品杯的茶夹。

第二件茶器是产自宜兴的紫砂壶。该壶大口大腹，这样的形制可以保持茶叶的完整，恰如那些胸怀宽广的茶道大家。

第三件茶器是公道杯。此器用来均匀茶汤，以示茶道面前人人平等。

第四件茶器是用来品饮茶汤的品茗杯。

第五件茶器是用来盛贮开水的提梁壶。

中国人不仅将茶当成一种饮料，更是将其内化为一种深层次精神内涵。茶艺师满怀欢喜之心烹热这壶福寿之水，并将此献给在座的各位来宾。

第三步：春回大地，万物复苏（烫杯、洗具）

尊重长辈是中华民族的美德，长辈们的提携总是使我们如沐春风，为我们的前进指明方向。这一步是温杯烫盏，这道程序用来提高紫砂壶的温度，帮助干茶挥发茶香，使其口味更加细腻芬芳。

都说水为茶之母，"茶性必发于水，八分之茶，遇水十分，茶亦十分矣；八分之水，试茶十分，茶只八分耳！"水为泡茶之基础。正如中国茶道，若不是茶界先辈们的不懈努力，怎么会有今天享誉世界的中国茶呢？

第四步：佳茗初绽，落花传情（取茶、投茶）

武夷岩茶品质独特，它未经窨制却自馥岩骨花香，让人品后回味无穷。悠长芬芳的茶韵与其铮铮铁骨的口感，恰与先贤们德艺双馨的品性相符合。

　　以下就是今天我们要为大家冲泡的、具有岩骨花香之美誉的武夷岩茶——大红袍。

　　龚自珍有诗云："落红不是无情物，化作春泥更护花。"春日辛勤耕种，秋日硕果累累。前有先辈的积淀，后有我们今天的发展。尊重长辈与敬爱圣贤是我们代代传承的责任和义务。

　　第五步：伏骥千里，夕阳斜辉（洗茶、展示茶汤色）

　　"老骥伏枥，志在千里。"武夷岩茶不似绿茶那般鲜嫩，它有厚重的岩韵，更见回味悠长。人们都说"夕阳无限好，只是近黄昏"。但岂不知晚霞的光辉更绚丽，请看这公道杯中的茶汤，红艳如宝石，剔透如水晶。

第六步：雏凤声鸣，点滴关情（冲茶、分茶）

　　"雏凤清于老凤声"，这大有青出于蓝胜于蓝之势。正如这泡茶，通过第一遍的高温冲泡使得茶叶初展，吐露茶香。第二泡茶变得更加香浓醇厚。古人有诗云："红雨随心翻作浪，一点一滴总关情"，这便说的是分茶的过程。茶道师将红亮的茶汤逐一倒入品茗杯中，这是将自己尊敬师长、敬重前辈的心与各位分享。

第七步：举杯献寿，松鹤延年（敬茶、谢礼）

"夕阳秋更好， 潋潋蕙兰中。 极浦鸣残雨， 长天急远鸿。
僧窗留半榻， 渔舸透疏篷。 莫恨清光尽， 寒蟾即照空。"

　　我们将冲泡好的茶汤敬奉给长辈，希望他们饮过此茶后健康长寿。也用此茶来祭奠那些曾经为中国茶事的发展做出卓越贡献的茶道先贤们。作为后辈茶人，我们定能将他们在茶事上的成就继承发扬。

著儒茶道与国学经典
MINGRUCHADAO YU GUOXUEJINGDIAN

第六篇

遗珠之憾

在茗儒茶学派五百年的历史中，无数此道中人将国学经典与茶道结合，创造出了很多的经典茶道。由于篇幅有限，不能一一枚举，实属遗憾。由于此书是献给青少年朋友的礼物，我们挑出了一些适合青少年茶人沿袭的茶道，并将它们列入《遗珠之憾》篇。希望这些茶道能够帮助青少年茶人们树立正确的三观，使茶人们成为德才兼备的国之栋梁。

一、孝道茶

1. 备具

1）盛茶器：茶仓、赏茶荷。

2）取茶器：冲茶四宝（茶针、茶拨、茶则、茶夹）。

3）泡茶器：紫砂壶。

4）分茶器：公道杯、茶漏、釜盖盛。

5）品茶器：闻香杯、品茗杯。

2. 解说词及流程

开场白：《孝经》是儒家十三章经的第一经，古代儿童开蒙就是要学习孝经的内容。民间有"百善孝为先"的说法，"孝道"是中国人的传统美德，它的含义很广，是儒家修身、齐家、治国、平天下的根本，今天我们为了向古人学习孝道礼仪，为大家带来这套孝道茶，通过茶事形式将中华传统美德继承并发扬，希望在座的各位在与我们一同品茶之时，体会中华传统文化的魅力。

第一步：开蒙学经典，五教孝为先（介绍茶具）

传统儒家文化讲"人要有五方面的道德修养"，即"五教"，它们分别是：父要义，母要慈，兄要友，弟要恭，子要孝。其中"子要孝"是这五教之首，泡茶也有五个重要的器皿，分别是盛茶器（茶仓、赏茶荷）、取茶器（冲茶四宝）、泡茶器（紫砂壶）、分茶器（公道杯、茶漏）、品茶器（闻香杯、品茗杯）。其中盛茶器用来盛放干茶；赏茶盘用来欣赏干茶色泽；取茶器也称冲茶四宝，分别是茶则（用来量取干茶）、茶夹（用来夹取品茗杯和闻香杯）、茶拨（用来拨茶入壶）、茶针（用来疏通壶嘴）；品茶器，即闻香杯，用来闻取茶香；品茗杯用来品饮茶汤；分茶器分公道杯（用来均匀茶汤）、茶漏（用来分离茶叶与茶汤）；冲茶器即产自宜兴的紫砂壶。在这五组器皿中，产自宜兴的紫砂壶是冲好一壶铁观音的关键。好的紫砂壶可以使茶添香增味，所以它是五组器皿中的最重要的部分。

第二步：身体发肤意，谨记护周全（取茶、赏茶）

《孝经》中云："身体发肤，受之父母，不可轻毁。"作为茶人，我们不仅要对自己身体的一肤一发多加保护，更要对那些能为我们带来健康、可振奋人心的茶百般呵护。这一步是取茶：轻轻地将茶则探入茶仓中，转动茶仓，使茶叶流到茶荷中，只有尽量保持干茶外形整齐，才能使茶味充分地溶解于水中。今天我们为大家选取的是产自福建安溪的铁观音，它的外形如颗颗珍珠，色泽油亮，是乌龙茶中的佳品。

第三步：立身行道后，光耀圣先贤（温杯烫盏）

儒家学说认为，真正的孝除了保护好自己，还要做到立身行道、扬名于后世，从而光耀先祖，使父母共享荣耀。作为茶人，我们也应该通过自己的泡茶手法使茶之味达到最佳，从而使更多的人爱上茶，以喝茶为乐，以喝茶为荣。那么怎样才能泡出一杯好茶呢？首先要温杯烫盏，只有提高品茶器和泡茶器的温度，才能使茶香慢慢渗透出来。这是泡出一杯好茶的第一步，也是最关键的步骤之一。

第四步：爱亲不慢怠，孝名冠四海（投茶）

中国人崇尚孝道，孝道体现于呵护双亲，并且将爱心播撒给身边每一

个人。我们将干茶慢慢地拨入壶中，这是泡出美味茶汤的第一步，茶艺师向壶中播撒的不仅仅是干茶，更是孝德的种子，由它泡出的茶汤，不仅可以滋润品茶人与泡茶人的心田，更可将中华美德传播至世界各个角落。

第五步：居安常思危，焦躁避心间（洗茶）

古人云："君子不立于危墙之下。"诗经亦云："居安思危，战战兢兢，如临深渊，如履薄冰。"就是说作为君子要居安思危，一日三省，我们通过洗茶这一步，帮干茶吸收水分，去除杂味、异味，正如作为一名懂孝道的人时常警醒、自我检讨，以求道德上的精进。

第六步：衣饰言语行，常温上人诚（再次冲泡）

《孝经》中讲，在不同的场合要穿戴不同的衣饰，从而达到人与环境和谐。泡茶时我们再次将山泉水注入壶中，第二次冲茶并将茶斟入公道杯中，这杯中的甘露如醍醐一般，使我们想起了圣人的古训，并不断用这些先贤的教诲来勉励自己。

第七步：孝敬爱同均，三才尽和谐（出茶、分茶）

《孝经》中讲，孝道贵在爱人，孔子也曾云："老吾老以及人之老，幼吾幼以及人之幼。"也就是说，爱别人的老人就像爱自己的老人，爱别人的孩子就像爱自己的孩子。我们现在将茶汤逐一斟入闻香杯中，也是要表示茗露之前人人平等。

第八步：人人习孝经，美德代相传（奉茶）

最后一步是奉茶，我们献给各位的不仅仅是一杯香茗，还有先贤般的孝道之心，希望喝过这杯茶后，中华孝道可以在每个人心中落地生根，中华美德的传承，有你有我，我们共同努力，定能将之发扬光大。

二、劝学茶

1. 备具

紫砂壶一只，玻璃公道杯一只，茶漏一枚，品茗杯四只，茶仓一只，冲茶四宝一组，赏茶盘一只，提梁壶一只，废水盂一只。

2. 正文及流程

第一步：专心致志（调息静心）

学习知识要专心致志，泡茶也需要全神贯注，就像《弟子规》中所说"读书法，有三到，心眼口，信皆要。"在泡茶前做三次深呼吸，集中注意力，摒弃一切杂念。

第二步：闻鸡起舞（月起行礼）

少年人要珍惜时间，勤于苦读，做到"闻鸡起舞"。随着耳边音乐的响起，茶艺师深吸一口气，随后慢慢吐气、躬身行礼，并随着旋律的起伏，开始泡茶。

第三步：一日三省（取茶）

学习知识不仅要有不断探索的坚韧精神，还要有反复自省的严谨治学态度，从茶仓中分三次取出足量的干茶，以示茶人治学严谨的品质。

第四步：明察秋毫（赏茶）

观察事物或学习知识要有条不紊，细致入微，泡茶更是如此。赏茶这一步是茶艺师通过观察干茶外形色泽而了解茶性的过程，因此被称为明察秋毫。

第五步：温故知新（温杯）

泡茶有四要：温杯烫盏，点水润茶，悬壶高冲，出汤品饮。这其中温杯烫盏最重要，它可帮助干茶最大限度挥发茶香，就像少年人在学习时要不断温习学过的内容，才可使知识结构扎实，将学到的知识运用到实际生活中。

第六步：虚心求教（拨茶）

学习新的知识要用一颗虚怀若谷的心，只有本着谦虚谨慎的治学态度才能吸纳更多的精妙学识，将温杯的水倒空，才能盛下芬芳的茗茶。

第七步：求知若渴（温润泡）

这一步是点水润茶，在干茶上点下些许清泉，干叶迅速吸水，吸饱了水的干茶润泽芳香，干茶对清泉的渴望正如少年人对知识的渴望，因此我们称这一步"温润泡"为求知若渴。

第八步：学以致用（泡茶）

学习是为了达到知行合一、学以致用。无论是赏茶、温杯，抑或是点水润茶，都是为了泡出一杯好茶，茶叶在泉水中翻滚，为清泉增添了厚重；清泉将干茶呵护起来是为了使干茶润泽，将学来的知识运用到日常生活中，可以使我们获得无上智慧。

第九步：格物致知（分茶）

学习知识要分门别类，做到系统化，将泡好的茶过滤到公道杯中，再平均地斟入每只茶盏，以示少年人的学习应从格物开始。

第十步：众品得慧（敬茶）

将泡好的茶一一净出，茶艺师举杯齐眉，躬身将手中的茶盏献出，表示我们愿以一颗谦虚恭敬、勤学不辍的心与各位分享品茶的喜悦。

三、双清茶

1. 备具

水釜一只，竹水勺一支，汤瓶一只，茗注（茶壶）一只，茗瓯四只，赏茶盘两只，茶拨一支，散叶绿茶三克至五克，干梅花五朵至七朵，覆茶巾一枚。

2. 正文及流程

背景介绍：明朝的创立者是朱元璋，他一生反腐倡廉，喜好简朴，在洪武二十四年（公元 1391 年）颁布了一道旨令："罢造龙团凤饼，以散茶进知。"即倡导人们用加工过程简单的散叶子茶代替做工精美、劳民伤财的饼茶。朱元璋的一道旨令开启了中国的散茶时代。我们现代人所喝的散叶茶都是拜这道旨令所赐，正如上文所说，朱元璋是一位廉政爱民的好皇帝，因此在明朝立国之初，明人好廉，文人士子喜"以茶养廉，以茶明志"。他们认为绿茶清爽恬淡，虽简单质朴，却口感高雅，茶气浩然。朱元璋的第十七子朱权就此诏创造了双清茶茶道。

　　所谓"双清"即梅花与竹叶，梅花傲骨迎霜，是唯一在寒冬腊月为人们送来馨香的花神，自古以来描写梅花的诗特别多，它们无不在赞颂梅花高洁的品质并以梅咏志；翠竹四季常青，虚怀若谷，其坚忍不拔的性格，受文人士子所喜。有诗赞曰："咬定青山不放松，立根原在破岩中。千磨万击还坚韧，任尔东西南北风。"

　　双清茶茶道依据宋法，以梅花烹水，冲泡象征翠竹的散叶绿茶，梅花馨香扑鼻，翠竹百折不挠。人们品饮双清茶，以表达对德才双馨的向往。

第一步：执方经纬（调息）

　　"司职方"是宋人对覆茶巾的雅称，此号出自"审安老人"撰写的《十二

先生》。宋代茶人喜好风雅，将烹茶的十二种物件，根据其材质冠以姓氏并根据其作用冠以官职。"司职方"顾名思义，由于其材质，所以冠以司姓。覆茶巾的布料由经纬织成，茶人通过轻叠手中的覆茶巾，调匀呼吸。茗儒茶学认为，泡茶的动作要符合呼吸韵律才能使动作流畅，如行云流水，所以泡茶前通过调息稳定心神是泡出一杯好茶的关键。

第二步：梅落琼碧（梅花烹水）

将干梅花轻轻拨入水釜中，中国茶人自古认为"水为茶之母，茶为水之精"，无水不可以论茶。无论是唐人或是宋人，皆认为清澈的山泉水是烹茶用水最好的选择。但如果没有山泉水，要用什么水来代替呢？宋徽宗在《大观茶论》中指出：在普通的水中加入梅花烹制，其口感可以比拟山泉水。因此，梅花煮水不仅象征了茶人的高远志向，同时还有净化水质的实际作用。

第三步：提点后汤（晾水）

《茶说》云："汤者茶之司命，见其沸如鱼目，微微有声，是为一沸。铫缘涌如连珠，是为二沸。腾波鼓浪，是为三沸。一沸太稚，谓之婴儿沸；三沸太老，谓之百寿汤；若水面浮珠，声若松涛，是为二沸，正好之候也。"《大观茶论》也说："凡用汤以鱼目蟹眼连锋迸跃为度。"因此待釜中水至二沸，用竹勺取水。灌制汤提点中，使沸水冷却，"汤提点"即水瓶，是宋人对执壶的美称，亦出自《十二先生》。绿茶属于芽茶类，冲泡水温应控制在75℃~85℃之间，故冲泡绿茶前需晾水。

第四步：福德润身（温壶）

《大学》云："富润屋，德润身。"从釜中取一竹勺开水温热茗注，水具有至刚至柔、谦逊低调、百折不挠等诸多善德。以开水洁具，既能提高茶具温度，还能激发干茶香味，更能提醒人们学习水的好品德以自勉。

第五步：竹可清心（赏茶）

盘中翠绿的散叶茶条索紧结，毫锋明显，根根直立，如片片翠竹。竹可清心，茶艺可清心，中国茶道的精髓是"廉、美、和、敬"，绿茶清新淡雅，正是象征了清廉，我们选择绿茶为双清茶茶道的茶品正是想表达茶人欲做清廉君子的愿望。

第六步：虚怀若谷（投茶）

　　身边的茗注口小腹大，似空谷，手上的绿茶象征着廉洁清明，将茶盘中的绿茶徐徐拨入茗注，象征着茶人持一颗虚怀若谷之心，欲行廉美和敬之道。

第七步：德才双馨（点水润茶）

司马光在《资治通鉴》中指出："德才兼备是圣人。"这句话成为后世无数士子儒生的座右铭。向茗注中点入少许梅花水，轻轻摇晃壶身，使干叶充分吸收水分，吐露茶香。梅花煮水象征德操，清新绿茶象征才华。茶人借助这道程序表达愿做德才兼备之士的美好愿望。

第八步：飞瀑连珠（冲水）

选用悬壶高冲的手法向茗注中注水，以模拟山涧飞瀑流水的声音，茗儒茶人在品茶时喜欢畅游在山水之间，讲究道法自然。在冲茶时模仿飞瀑连珠之声以示品茶时融于天地之意。

第九步：静候香茗（泡茶）

这是茶与水充分相融的时刻，梅花煮水自有一阵清雅梅韵扑鼻而来，以此水泡茶增添了绿茶的风味，正是"茶借梅花三分雅，梅添茶水一缕香。"

第十步：空山新雨（一次斟水）

向四只茗瓯分别注入三分之一瓯的茶汤，瓯似空谷，代表茶人胸有沟壑，志向高远。茶似春雨，滋润心田。

第十一步：雨打翠竹（二次斟水）

第二次再往瓯中斟入三分之一瓯的茶汤，二次斟入的茶汤使瓯中茶叶飞舞，似雨打翠竹，灵动清扬。

第十二步：三思慎行（三次斟水）

为了不使茶汤烫手，便于品饮和把握，我们用点针的手法将瓯内的茶汤点至七分满，这样斟水的方式体现茶人心思缜密、处处为他人着想的好品德。

第十三步：众品得慧（敬茶）

儒经中云："三人行，必有我师。"三人品茶相互启发，开启智慧，这一步是敬茶的过程。一杯清茶在手，双清知志留心。

四、君子茶

1.备具

三才盖碗一只，玻璃公道杯一只，品茗杯四只，茶仓一只，冲茶四宝一组，赏茶盘一只，开水壶一只，水盂一个。

2.正文及流程

第一步：安之若素（静心调息）

安之若素是一名君子必备的素质。它是一种不以物喜不以物悲的情怀，也是一种处变不惊的风度。泡一杯好茶需要平心静气，在这里我们通过做三次深呼吸使自己的心绪平静下来，让心神逐渐进入空灵宁谧的茶境。

第二步：孜孜以求（取茶入盘）

将茶则探入茶仓，轻轻转动手腕取出干茶，这个动作重复三次大概就能取出五克的干茶。数字三在中国文化中很有寓意，《三字经》中讲："三才者，天地人；三光者，日月星。"我们重复三次取茶的动作，是为了表示君子做事认真谨慎、不厌其烦，学习孜孜不倦、持之以恒。

第三步：德才兼备（欣赏干茶）

我们今天选择的茶品是既有茉莉花芬芳，又有绿茶清香的花茶。作为一名君子，既要德高望重，又要博学多才。德才双馨才能受到世人的敬仰，就像我们手中的花茶，茉莉花的甜蜜掩饰了绿茶的苦涩，同时绿茶的清新使花茶品饮起来更为鲜爽。

第四步：上善若水（温杯烫盏）

水有七德：居善地者，可止则止。心善渊者，中当湛静。与善仁者，称物平施。言善信者，声不妄发。政善治者，德惟无私。事善能者，无所不通。动善时者，可行则行。故称上善若水。我们以清水重新烫洗一遍茶具，是表示君子向善，愿如水般滋润万物而不争。

第五步：广纳善言（投茶入杯）

"海纳百川，有容乃大"，一个人只有谦虚大度，才能广纳善言，就像一只杯子，只有倒空了以前的水，才能被注入新泉。向空杯中徐徐拨入干茶，就像是在广袤无垠的心田中播下希望的种子，经山泉的浇灌，它们定能绽放绚烂的花朵。

第六步：诲人不倦（点水润茶）

君子待人真诚无虚，他们诲人不倦，慷慨地将自己的经验分享给别人，帮助他人共同成长。向壶中点入少量的山泉水，干茶吸水迅速吐香，是水的温度唤醒了干茶，正如他人的教诲，如醍醐灌顶般使我们茅塞顿开。

第七步：千古流芳（摇杯闻香）

古人讲："人过留名，雁过留声。"人生一世总要为后世留下些什么，因而千古流芳是每位君子的高远志向。轻轻转动茶杯使水与茶交融，此时杯中的干茶受到泉水的滋润，散发出迷人的香气，沁人心脾。

第八步：志存高远（正式冲茶）

人们都说心有多大，路就有多宽；理想有多高远，世界就有多精彩。当你的思想达到一定高度时，就会有"会当凌绝顶，一览众山小"的畅快

之感。我们选择悬壶高冲的手法，将水斟入杯中，使杯中的茶叶上下翻滚，杯中起伏的是朵朵茶芽，心中涌起的是丝丝对于未来的憧憬。

第九步：知行合一（泡茶出味）

有人说茶叶是上天派下来洗涤人们心灵的精灵，它生在山上、睡在锅里、醒在杯中。在向杯中注入水后静置几秒，水滋润了茶叶，茶叶增添了水的风味。水之于茶就像实践之于知识，只有将知识运用到实践中，才能使人从知识中获得智慧。

第十步：奉公无私（分茶、敬茶）

将泡好的茶过滤到公道杯中，公道杯有均匀茶汤的作用，再将公道杯中的茶水分别斟入品茗杯中，将泡好的茶双手高举过眉，躬身献出。在分茶、敬茶的过程中，我们体会了君子的大公无私、平易近人。

第十一步：锦心绣口（品茶回味）

轻轻啜饮品茗杯中的香茗，口中花香浓郁，如含英咀华一般。茶汤甘甜鲜美，滋润心田。饱读诗书的文人雅士品过此茶定能出口成章，锦心绣口。

第十二步：主雅客闲（行礼谢茶）

刘禹锡在《陋室铭》中说："斯是陋室，惟吾德馨。谈笑有鸿儒，往来无白丁。"茶过三巡，宾主尽欢。主人的清雅，客人的高尚，尽在这一杯清茶中。

五、仁爱茶茶道

1. 备具

祥陶盖碗一只，玻璃公道杯一只，茶漏一只，品茗杯四只，茶仓一枚，冲茶四宝一组，赏茶盘一个，热水壶一只，废水盂一只，香炉一只，沉香一支。

2. 正文及流程

第一步：天地同爱（静心点香）

《弟子规》中讲："凡是人，皆需爱。天同覆，地同载。"人作为万物之灵，应该用平等友善的眼光看待一切，在泡茶前点上一支香，让心境随着袅袅升起的香烟逐渐平静下来，这不仅表达了茶人对天地的敬意，也显示了茶人对茶的尊重。

第二步：扬善避恶（取茶、赏茶）

"道人善，即是善。人知之，愈思勉。"弃恶扬善是中华民族的传统美德，转动双腕让茶叶自动流入茶则中，可以保持干茶完整的外形，有助于我们泡出一杯香甜的茗茶。帮助口不能言的茶品以最美的一面示人，使我们体悟到了扬善避恶的快乐。

第三步：善言暖心（温杯烫盏）

"善相劝，德皆建。过不规，道两亏。"当我们犯错或遇到挫折时，朋友的劝谏如手中这涓涓细流温润着我们的心田。这一步是温杯烫盏，温热的泉水不仅起到再次清洁茶具的作用，还可以提高杯温，帮助干茶挥发茶香。借助这道程序让我们来共同体味"好言一语三冬暖"的境界。

第四步：广纳善言（拨茶入杯）

一颗小树苗如果想苗壮成长，成为参天大树，就要不断地吸取阳光雨露的精华，不断接受园丁的修剪。少年朋友们如果想成为一名受人尊敬的君子，就要以一颗虚怀若谷的心广纳善言，就像眼前这只空杯子，只有清空自己，接受茶品与泉水，才能为人们奉上一杯回味无穷的茶。

第五步：一涤闲言（初泡洗茶）

陈年白茶在存放的过程中不免会落上一些尘埃，我们将第一泡茶轻轻滤出以祛杂味，杯中的干茶被第一道水轻轻唤醒，吐露茶香。在我们的生活中也可能会遭遇各种的困扰，为了更好地前行，清荡干扰，使初衷不改，这便是仁人君子之道。

第六步：高山流水（正式冲茶）

"仁者乐山，智者乐水。"我们以悬壶高冲的手法向杯内冲水以模仿山涧飞瀑，同时表达茶人对仁爱和智慧的渴望。

第七步：积善成德（泡茶）

"孝、悌、忠、信、礼、义、廉、耻"这八德是每一位仁爱君子为之奋斗终生的信条，这些高尚的德操都会体现在生活的琐事中。高尚的情操是经过长时间培养出来的，积善成德是泡茶的步骤，杯中的茶叶被清泉唤醒，化为一捧甘露，滋润了我们的心田。

第八步：润养万物（分茶）

茶可清心，德亦可润心，将公道杯中的茶汤，分别斟入品茗杯，我们分享给大家的不仅是美味的茶品，更是一颗拳拳赤子之心。

第九步：推此及彼（敬茶）

子曰："己所不欲，勿施于人。"他告诉我们一名君子会懂得如何站在别人的角度考虑问题，亦懂得如何与他人分享。为您献上一杯茶，邀您与我共同分享品茶的喜悦。

六、喜气洋洋祝福茶

1. 备具

水晶茶壶一只，托盘一个，烧水壶一把，小银勺四把，广口玻璃杯四只，正山小种红茶六克（其他优质红茶亦可），桂花、小金橘少许。

2. 正文及流程

旁白：祝福茶茶艺源于福建省浦城县的民间习俗，在正月头，每逢有贵客上门，浦城县的群众都会以桂花、金橘泡茶待客。根据这一民俗加工整理后，我们创编了祝福茶茶艺。

第一步：玉壶春潮连海平（预泡红茶）

我们先用水晶壶泡出一壶上好的正山小种红茶，叫作玉壶春潮连海平。首先，用热水将本已洁净的玻璃壶再次清洗，以提升玻璃壶的温度。再向壶中拨入3克至5克红茶，随即向壶中点入少许热水，使干茶充分吸水吐香。再用悬壶高冲的手法向壶中注入开水至七分满，放在一旁待用。红茶属于全

发酵茶，有暖胃之功效，同时，其色泽浓艳喜庆，正适合春节合家欢聚时品饮。

第二步：丹桂金橘报福音（投入配料）

我国有民谣曰："桂花开放幸福来。"桂花代表着幸福，金橘的桔和吉谐音，所以金橘代表着吉祥如意。把桂花和小金橘等配料投放到水晶玻璃杯中，称之为"丹桂金橘报福音"。丹桂金橘有止咳平喘、生津润肺的功效，若与红茶调配品饮，不仅口感绝佳，还有润肺爽声之功效。

第三步：红雨随心翻作浪（倒茶搅拌）

当我们把预泡好的红茶汤冲入水晶玻璃杯时，清亮艳红的茶水和丹桂、金橘一起在水晶杯中翻腾，相映成趣，这道程序称之为"红雨随心翻作浪"。

第四步：一点一滴总关情（分茶、敬茶）

把调制好的茶汤分别敬奉给客人，称之为"一点一滴总关情"。在客人接过茶杯后，应请他在品茶之前先数一数杯中的小金橘有几粒。小金橘只有黄豆粒大小，在盛满茶水的水晶杯中上下浮动，每一杯中的小金橘数量可能不一样多，所以我们编了一套说法：

一粒代表一生平安；

二粒为双喜临门；

三粒为三星高照；

四粒为事事如意；

五粒为五福齐享；

六粒为六六大顺；

七粒为七耀当头（即金、木、水、火、土五颗星，再加上日、月，预示着前程一片光明）；

八粒为八面春风；

九粒为红运长久；

十粒为十全十美。

如果有的客人杯中一粒小金橘都没有，那就代表着无限美好。

总之，无论客人杯中有没有小金橘，也无论有几粒小金橘，都会得到一句祝福的话，这正是我国传统民风民俗在茶艺中的表现。喝了这样的甜茶，希望客人留下甜蜜的回忆，带走主人衷心的祝福，所以称之为"祝福茶"。这套茶道最适合在春节这样喜气洋洋的日子中品饮。

七、大地回春茶茶道

1. 备具

玻璃杯两只或玻璃盖碗两只，茶仓一只，冲茶四宝一组，赏茶盘一个，玻璃提梁壶一把，废水盂一只，净瓶一个，热水壶一把。

2. 正文及流程

旁白：清明节是民间祭祖踏青的节日，清明节前采摘的绿茶是六大茶类中最早报春的茶。清明节我们在户外踏春时，为家人或祖先献上一杯绿意盎然的明前茶，以表达我们对先人的思念及迎接春天的喜悦。

第一步：万条垂下绿丝绦（折柳调息）

"碧玉妆成一树高，万条垂下绿丝绦。不知细叶谁裁出，二月春风似剪刀。"清明节时，大地回春，民间有折柳祈福的风俗。的确，被暖风扶绿的柳枝看上去生机盎然，最能代表春天的活力。在泡茶前向净瓶中插入一条柳枝，以平复茶人的心神，茶人将通过自己的双手为绿茶注入生命力，使人们品尝到春天的味道。

第二步：杨柳青青江水平（晾水）

"杨柳青青江水平，闻郎江上唱歌声。东边日出西边雨，道是无晴

却有晴。"这一步是晾水，将沸腾的泉水徐徐注入玻璃壶中，一则使沸水平静，便于泡茶；二则绿茶属于芽茶类，其冲泡水温应控制在 75℃~85℃之间。用晾过的水泡茶可以避免汤熟失味，看着壶中平滑如镜的泉水，使我们想到了春日绿柳荫荫、草长莺飞的翠湖。

第三步：春江水暖鸭先知（温杯）

"竹外桃花三两枝，春江水暖鸭先知。蒌蒿满地芦芽短，正是河豚欲上时。"这一步是温杯烫盏，茶盘上的两只茶杯如同春日里湖中戏耍的鸭子，早知道春天的到来。茶艺师借助这一程序提升茶杯的温度，以帮助干茶挥发茶香。

第四步：春草青青万顷田（赏茶）

"耕夫招募逐楼船，春草青青万顷田。试上吴门窥郡郭，清明几处有新烟。"这一步是赏茶，明前绿茶作为报春的使者，具有翠艳欲滴的美丽色泽，让我们通过欣赏盘中的绿茶来感受大地返青、绿草茵茵的春光。

第五步：春城无处不飞花（投茶）

"春城无处不飞花，寒食东风御柳斜。日暮汉宫传蜡烛，轻烟散入五侯家。"将盘中的绿茶轻轻拨入玻璃杯中，此情此景恰似一阵春风吹过，花语如帘，落英缤纷。

第六步：草木知春不久归（润茶）

"草木知春不久归，百般红紫斗芳菲。杨花榆荚无才思，惟解漫天作雪飞。"这一步是点水润茶，向杯中滴入少许泉水，轻轻摇晃杯身使干茶充分吸水吐香，春雨滋润万物使大地解冻，枯草返绿，茶艺师亦是用几滴甘泉唤醒沉睡在杯中的干茶。

第七步：桃花流水鳜鱼肥（冲水）

"西塞山前白鹭飞，桃花流水鳜鱼肥。青箬笠，绿蓑衣，斜风细雨不须归。"这一步是冲水，用悬壶高冲的手法将甘泉注入杯中，杯中翻飞的茶叶既像随波逐流的桃花，又像水中嬉戏的肥鱼。看着水中翻飞的茶叶，我们似乎已经感受到了春天的气息。

第八步：百味随风慢品茶（敬茶）

将泡好的茶奉出，杯中的一抹鲜绿与天地间的春意相映成趣。有好茶喝，会喝好茶，是一种福气，在明媚阳光下于青山绿水间品一杯明前绿茶更是一份惬意。

八、端午正阳茶茶道

1. 备具

祥陶盖碗一只，公道杯一只，过滤网一套，茶巾一枚，祥陶品杯四只，茶叶罐一只，茶盒一只，冲茶四宝一组，提梁壶一把，废水盂一只。

2. 正文及流程

第一步：五彩新丝缠角粽（调息）

将一只缠有五色丝线的粽子香囊，轻轻挂在枝头，彩粽中的悠悠香气丝丝沁入鼻端。茶艺师在这如丝如缕的香气陪伴下慢慢闭上眼睛，做三次深呼吸，使心神逐渐安静下来。端午节佩戴彩粽是后世为纪念爱国士大夫屈原所立的风俗，在泡茶前献上一只彩粽也是茶艺师向茶友们表示自己愿效仿屈原大夫志存高远，心怀天下。

第二步：鉴赏新芽楚辞颂（赏茶）

《楚辞》是屈原大夫著名的爱国诗篇，在文章中屈原将自己比喻为不食人间烟火的天使，引朝阳之甘露，举清分之兰草，以表达高风亮节之情怀。这一步是赏茶。茶是天地孕育的灵芽，至清至洁，有涤昏聩、驱睡魔、明心思之功效，自古为无数仁人志士所喜爱。我们一边在心中默诵着楚辞中那些精美绝伦的诗句，一边欣赏手中如英华般美丽的干茶。今天我们选取的是需要阳光晒青的白茶，在端午节时，泡上一杯气韵十足的白茶以祭奠士大夫屈原，表达我们对这位爱国诗人的崇敬。

第三步：细语涤心空似谷（温杯）

轻轻地将少许甘泉斟入盖碗中，温热的泉水不仅能提升泡茶器的温度，帮助干茶挥发茶香，更可以滋润泡茶人的心田，使我们的心灵更加纯净高尚。

第四步：英华坠落幽谷中（投茶）

将赏茶盘中的干茶轻轻拨入盖碗，都说"落红不是无情物，化作春泥更护花"，茶之高德在于其无私奉献，它牺牲小我化为甘露滋养万民，正

符合古代先贤之大义，是我们学习的榜样。

第五步：一洗幽兰香似无（醒茶）

向杯中注入开水并快速出汤，这一步是醒茶。吸收了少许甘泉的茶叶，在杯中慢慢苏醒，吐露出若有若无的茶香，恰似空谷幽兰。

第六步：二浸芷若馥雅风（冲茶）

使用悬壶高冲的手法，再次向杯中注入开水，并盖上杯盖，静置五秒，等待茶与水充分融合。水滋润了干茶，助其吐露芬芳，茶融入水中，增其风味。泡一杯美味的茶品，茶与水都是不可缺少的要素，正如对于一名君子而言，德与才都是其必备的品质。

第七步：三分甘露茗瓯里（分茶）

将泡好的茶汤过滤到公道杯中，并分别斟入（平均）三支茗瓯中，以示正人君子为人坦荡、做事公道、不偏不倚。

第八步：敬向茶友乐融融（奉茶）

双手捧杯将茶奉给茶友，泡茶人献上的不仅仅是一杯香茗，更是茶人那颗拳拳的爱茶之心。希望你我品过此茶后，也能像古代先贤那样正义凛然，为国效忠。

九、花好月圆茶茶道

1. 备具

茶仓一只，冲茶四宝一组，赏茶盘一只，紫砂壶一只，公道杯一只，品茗杯四只，茶漏一枚，提梁壶一只，废水盂一只。

2. 正文及流程

旁白：农历八月十五是合家团聚的佳节，在这一天，人们呼朋唤友三五成群赏月饮宴，恰逢花好月圆之时，我们愿为亲朋好友献上一杯香茗，并送上美好的祝愿。

第一步：倚窗望月（调息）

农历八月十五正值月圆之夜，月光如银，洒向人间。茶艺师坐于花团锦簇的席间，在柔和月光的照耀下，慢慢地闭上眼睛，做三次深呼吸，随着呼吸的平稳让内心安静下来，进入空灵缥缈的茶境。

第二步：彩云拂月（温杯）

向紫砂壶中注满开水，再盖上盖子，并用开水烫洗壶身以增加紫砂壶的温度，这一步叫彩云拂月，氤氲的水汽好似彩云绕月般围绕着紫砂壶，恍如仙境。

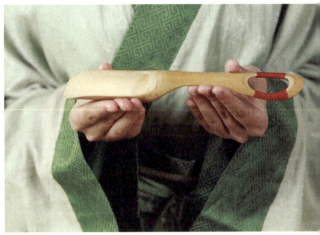

第三步：月出中天（取茶）

将茶则轻轻探入茶仓中，并转动双腕使茶叶流入茶则，以保证干茶完整。茶艺师从茶仓中取出的干茶颗颗圆润如珠，好似中秋圆月。

第四步：金桂飘香（赏茶）

今天我们为大家准备的是桂花乌龙，秋季天干物燥，正是品饮乌龙茶的好时节。乌龙茶有轻身消脂、去油解腻之功效，桂花有清肺止咳、平喘化痰的功用，二者合一正适宜人们中秋饮宴后品饮。

第五步：月落春池（投茶）

将干茶慢慢拨入紫砂壶中，如珠似露般的桂花乌龙犹如颗颗明月，坠落壶中发出"啹啹"之音，这正是高品质乌龙茶的象征。肥嫩多枝的茶叶被制成球形乌龙，条索紧结，茶色光润，落地有声。

第六步：霁月同辉（温润泡）

这一步是洗茶，又称温润泡。向壶中注满开水并快

速出汤，这样做不仅能使壶内干茶迅速吸水挥发茶香，还可去除干茶表面的微尘。雨后的明月被称为霁月。我们相信被风雨洗涤后的月亮更加光辉灿烂，被甘泉洗过的香茗也会更加纯净甘甜。

第七步：花好月圆（冲水泡茶）

这一步是泡茶。第二次向壶中斟满开水，让壶中的茶与水充分融合，花好月圆、合家团聚是我们中秋拜月时的美好愿望，泡茶时茶与水的充分结合也表达了这一美好寓意。

第八步：玉兔拜月（奉茶）

中秋佳节，无论是玉兔捣药的传说，还是兔爷儿成仙的故事，都表达了人们对健康长寿的追求与向往。泡茶人向来宾们奉上一杯香茗，希望品过此茶的人都能阖家团圆、福寿安康。

十、重阳菊普茶茶道

1.备具

玻璃风炉组一套，废水盂一只，祥陶盖碗一只，玻璃公道杯一只，茶漏一组，品茗杯四只，茶仓一只，冲茶四宝一组，赏茶盘一枚。

2.正文及流程

旁白：九九重阳，登高望远，赏菊，饮菊，是为了给家中老人祈福。在重阳佳节为家中老人献上一杯菊普茶也是希望他们饮过此茶后可以健康长寿，极乐安康。

第一步：采菊东篱下，悠然见南山（煮菊、调息）

晋代大诗人陶渊明曾有诗云："结庐在人境，而无车马喧。问君何能尔，心远地自偏。采菊东篱下，悠然见南山。山气日夕佳，飞鸟相与还。此中有真意，欲辩已忘言。"看来采菊饮菊之于文人墨客是一种情怀。将五朵甘菊投入泉水中，用活火烹制，然后茶艺师慢慢地闭上眼睛，一边调息，一边等待泉水沸腾。菊花有清肝明目之药效，以此泡茶既能增添茶品风味，又有效仿花间君子之美意。

第二步：明月松间照，清泉石上流（温杯烫盏）

"空山新雨后，天气晚来秋。明月松间照，清泉石上流。"这首诗是描述一场秋雨过后，山谷间空气清新的美好景象。我们在泡茶前用滚沸的泉水将茶具再次清洗一遍，除起到提升茶具温度的作用外，还有向品茶人敞开心扉、虚心求教之意。清泉洗涤的不仅是茶具本身，还有泡茶人的心灵。

第三步：嫩包万万千，久盼睹仙颜（取茶、赏茶）

从茶仓中取出少许干茶放在赏茶盘中，与品茶人共同鉴赏茶品。今天我们为大家选取的是普洱熟茶，它有清脂去腻，养胃理气之功效，正适合老年人在秋冬品饮。

第四步：落花坛上拂，流水洞中闻（投茶）

"微月空山曙，春祠谒少君。落花坛上拂，流水洞中闻。酒引芝童奠，香馀桂子焚。鹤飞将羽节，遥向赤城分。"这是李益的送别诗，其中"落花坛上拂，流水洞中闻"一句描述了英华被微风吹落而坠落潭中的美景，茶艺师将茶轻轻地拨入杯中，茶似落花缤纷，杯似幽谷深潭。

第五步：雨水夹明镜，双桥落彩虹（洗茶）

"江城如画里，山晓望晴空。雨水夹明镜，双桥落彩虹。"这首诗是描写雨后碧空如洗、彩虹点缀人间的美景，给人一种清新畅意之感。将煮沸的菊花水徐徐注入杯中，再将水滤出，经甘泉出润的茶叶吸饱了水分，伸展枝条吐露茶香，杯中之茶散发着雨后芳草般的清鲜。

第六步：陶令篱边色，罗含宅里香（出茶）

"暗暗淡淡紫，融融冶冶黄。陶令篱边色，罗含宅里香。几时禁重露，实是怯残阳。愿泛金鹦鹉，升君白玉堂。"这首诗名为《菊》，出自李商隐笔下，菊花的芬芳非牡丹桂花之香可比，它更为清新高雅。再次向杯中注入菊花水，静置几秒，待茶与水充分融合后再出汤，此时公道杯中的普洱茶，汤色红艳，且散发着阵阵芬芳的菊香。

第七步：俗人多泛酒，谁解助茶香（分茶、敬茶）

"九日山僧院，东篱菊也黄。俗人多泛酒，谁解助茶香。"重阳之日以菊入茶，菊花高贵典雅，香茗清新无华。向家中长辈献上一杯菊普茶，同时献上的还有晚辈们的敬意，我们以此茶祝愿天下所有的老人健康长寿、极乐安康。

特别鸣谢

　　在《吃茶3　茗儒茶道与国学经典》的创作过程中，我得到了许多大茶友和小茶友的帮助，他们或是无私地将自己的一线教学经验分享给我，为我写书提供灵感，或是认真地帮我进行校稿工作并提出宝贵意见，再或是积极参与拍摄工作，帮助读者们提高视觉感知。对于大家的鼎力相助我心存感激，特在此向他们表示诚挚的感谢！

　　茗儒少儿师资：王树军、张叶芮、罗晓燕

　　北京大学附属中学：李嘉毓

　　中国人民大学附属中学：徐正泽、王惠庭

　　北京市海淀区教师进修学校附属实验学校：孟庆嘉宸

　　北京师范大学附属实验中学：吴克宇

　　北京拔萃双语学校：李洺钰

　　北京市白水洼小学：占妍、李姝婷

　　北京市西什库小学：丁香菱、张烨煊、杨博钧、杨志恒、冯圣淇、
　　　　　　　　　　　　吴毅博、赵安琪、刘畅、冯嘉欣

　　本书拍摄场地提供：煎茶水记

　　（排名不分先后）